后浪出版公司

料理的1000个魔法

ものぐさ女子を
料理上手に
変える1000の魔法

日本辰巳出版株式会社　编

李思园　译

四川文艺出版社

目 录

按做菜步骤的编排
变身料理达人的小窍门

第 1 章

料理步骤·餐后清理篇

washing-up

按照料理步骤，
介绍 262 个小妙招，
从筹备菜单到餐后整理，
让做菜过程轻松流畅。

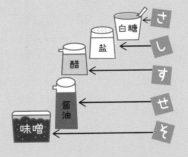

arrangements

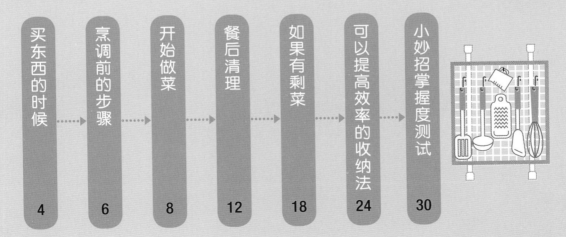

料理步骤

小妙招掌握度测试

苦恼时的补救小妙招

肉类

鱼类

鸡蛋·乳制品·大豆制品

蔬菜·白薯

蘑菇·海藻·水果

主食

欠斗

买东西的时候

shopping

做菜的第一步是购买必要的食材。
把握买东西的关键小妙招，就是要买"时间近"
"价格低""品质好"的食材。

事前准备 **

没有计划的购物
既浪费时间又浪费金钱
要做好计划之后
再前往商店

小妙招 1 ［准备］ 计划好 2～3 日的菜单，一次性购买

不需要每天出门购买缺少的食材，而是事先计划好 2～3 日的菜单，然后一次性买齐。 减少了购物的次数，就能避免购买没用的东西，既能节省开支，也可以节约时间。 对于可贮存时间较久的蔬菜，要养成常备的习惯。

小妙招 2 ［准备］ 制作自己专属的"特价日历"

几乎每家店都会有诸如"周五蔬菜全场 9 折""每月 29 日肉类特价"等以周或月为单位的特价日。 将这些特价日记录在专用的日历上。

小妙招 3 ［准备］ 分清"赏味期限"与"保质期限"的区别

便当和菜品上标记的是保质期限，在此期间食用不会危害健康。加工食品上标记的是赏味期限，用指定的方法保存，包装未开封的状态下，在此期间食用，安全性和味道等所有品质都有所保证。记住这一点，在买东西时会很有用。

小妙招 4 ［准备］ 买东西之前，先检查冰箱，写好购物清单

买回的食材，发现冰箱里已经有了；以为家里有的东西，却发现已经变质，于是打乱了菜单计划。如何防止这样的情况发生呢？养成事先确认冰箱内容，将需要的食材用手机记录下来的好习惯。不购买多余的东西，既节约又可以避免丢三落四。

小妙招 5 ［准备］ 出门买东西的时候，不带计划以外的现金

如果钱包里现金宽裕，手头就会不由自主地放松，买了不需要的特价商品。记下要买的东西，钱包里只带所需的金额，就能避免购买没用的东西。准备一个购物专用的钱包，与平常出门带的钱包分开使用。

小妙招 6 ［准备］ 灵活运用电子钱包，管理餐费支出

如果将每月的餐费充值到电子钱包中，不用特意记账也能管理支出，买东西时注意到余额，就能有节约的效果。

小妙招 7 ［准备］ 用环保袋，不仅为了节约资源，也可以避免过度购买

最初买东西是用环保袋的，用过几次后觉得太麻烦，结果还是用起塑料袋……实际上，环保袋是能够防止过度购买的必需品。使用的过程中，逐渐养成习惯，只购买袋子能装下的分量，既能节省开支，也可以节约时间。

小妙招 8 ［准备］ 盛夏时车内温度高达 60℃ 以上，购买的食材要放入保冷箱

盛夏的高温中，在停车场长时间放置的汽车车内温度可能高达 60℃ 以上，鱼和肉类如果放置不管，会有变质危险。在车上备好泡沫材质的大型保冷箱，将购物袋整个放入，避免从卖场到家的途中导致食材变质。

购买食材 **

将商品放入购物篮之前，
要考虑好
"现在是否真的需要"。
也要灵活运用网店的
购物信息。

小妙招 9 ［在店里］ 避免在空腹的状态下购买食材

肚子空空的时候出门买东西，不知不觉就会把手伸向零食、现成菜品和甜点这些立即就能吃的东西。为了防止这种情况发生，买食材的时间最好定在吃过饭之后。碰到特殊情况，可以含一颗糖果或稍微吃点东西再去购物。

小妙招 10 ［在店里］ 分辨每家商店的擅长领域再购买

为了用低价格买到高质量的食材，就要仔细分辨每家店的擅长领域，诸如"价格普通，新鲜度高""食材的价格高，但调味品便宜"，在多家商店分别购买。有一些老店，能给你的菜单出谋划策，或者提供免费处理活鱼的服务。买东西时要活用每家店的特色。

小妙招 11 ［在店里］ 在超市，按照鱼、肉→蔬菜的顺序选购

大多数的超市的陈列顺序，入口附近是蔬菜区，再往里走是鱼和肉区，但没有必要按照这个顺序选择食材。在为吃什么而烦恼的时候，先选鱼、肉等主要食材，再选择蔬菜，这样脑中更容易浮现菜单的整体印象，避免购买不需要的食材。

小妙招 12 ［在店里］ 用手机记录下卖场的底价，并能随时确认

底价指的是这家店的最低售价。知道了底价，就不会被海报传单上的价格所诱惑，买到真正便宜的商品。看到觉得"真便宜"的商品，养成记录价格的习惯，记录几次后就知道了底价，也能快速查找。

小妙招 13 ［在店里］ 积极尝试自有品牌商品

买得值！
PB 面粉
制粉

大型超市、卖场等会推出自主策划销售的自有品牌商品。为了提高公司的品牌形象，这些商品大都定价低廉、物超所值。不妨积极尝试这些商品。

小妙招 14 ［在店里］ 在投靠便利食品前，先用手机查看菜谱！

冷冻食品、蔬菜沙拉酱、意大利面酱等便利食品是忙碌时的好伙伴。但时间充裕的时候，不妨在购买便利食品前，用手机查看一下那件商品的制作方法。往往你会发现，自己在家也能轻松制作出来，而且更省钱。

小妙招 15 ［在店里］ 特价商品只购买当日能吃完，或者可以冷冻保存的

有些商品因为临近赏味期限或保质期限所以降价销售，打折力度很大。被价格打动，不知不觉就买了回去。保质期大多是当天或第二天，除非购买当天能吃完或者可以冷冻保存的东西，否则也会造成浪费。

小妙招 16 ［在店里］ 走向收银台之前，先查看购物篮中的东西

购物时不知不觉会心情变好，把计划外的食材、特价商品放进购物篮。选购完食材之后，结账之前，在收银台排队时再次确认购物篮中的东西，是否是3天之内所需的食材，把不必要的东西放回货架上。

小妙招 17 ［在网上］ 重量沉的东西在网络超市一次性购入更方便

平时常去的超市，还能提供当日送货上门的服务，这是网络超市的魅力。因为要付配送费，平时还是去实体店购买。购买大米、调味品、酒等有重量的商品时可集中一次性购买，达到一定金额还可以享受免费配送。

小妙招 18 ［在网上］ 制作特色料理所需的食材难以入手，可以在网上购买

加茂茄子
乡土食材●●
网购
购买
点击

从前很难入手的食材，如今有了购物网站，也能方便地买到了。用食材名字进行检索。

小妙招 19 ［在网上］ 在网上查询传单折页上的特价商品信息

最近在网络上也能查看打折海报、特价商品信息了。其中最方便的是由Navit公司主办的"每日特卖"网站。不仅可以集中浏览日本各大超市的特价商品情报，同时还可以教你这些食材的烹调方法。

料理步骤

小妙招掌握度测试

苦恼时的补救小妙招

肉类

鱼类

鸡蛋·乳制品·大豆制品

蔬菜·白薯

蘑菇·海藻·水果

主食

饮料

烹调前的步骤

arrangements

决定了菜单之后，
开始烹调前，
将必要的准备一次性做好。

菜单与准备

"做菜要有计划按步骤"。
包括餐后收拾的步骤都要
考虑进来，为高效的
烹饪做好准备。

小妙招 20 [菜单] 主菜与配菜的味道相反，可以制作出味道平衡的菜单

"决定了主菜之后，如何搭配小菜？"只要选择与主菜味道相反的配菜就好。例如主菜是味道浓厚的料理，配菜就选择清淡口味的。如果主菜是土豆炖肉等带些甜味的料理，就选择酸味或咸味的料理做配菜，这样整个菜单就会味道均衡。

小妙招 21 [菜单] 每天都要吃蔬菜。一天的蔬菜摄入量在 350 克为宜

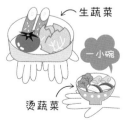

一日所需的蔬菜量以 350 克为宜，其中三分之一为绿色或黄色蔬菜。菜单中加入煮菜、炖菜，能保证摄入足够分量的蔬菜。

生蔬菜
一小碗
烫蔬菜

小妙招 22 [菜单] 附加的小菜使用干菜更方便

晒干的海带、萝卜、羊栖菜等干菜是为菜单烦恼时的好伙伴。它们可以长时间保存，使用时将所需的分量还原，非常方便，推荐常备。海带可以做汤和凉拌，羊栖菜可以炒、可以配米饭，萝卜干可以放入炖菜或者作为味噌汤底使用，让料理的种类多样。

小妙招 23 [菜单] 开始料理前要把菜谱记在脑中

料理的步骤非常重要。事先把菜谱记在脑中，就不会弄错食材和调味料放入的时间，减少煮过头、烤糊了等失败情况。

和风汉堡

准备菜谱

小妙招 24 [菜单] 顺便完成的工作：制作冷冻食品、贮存食品

准备饭菜时，可以顺便多做一些菜冷冻或贮存起来。例如做汉堡排时可以多做一些冷冻起来，作为便当菜；做菜时需要煮一些胡萝卜，不妨一次多煮些，将剩下的冷冻起来当作贮存食品。

小妙招 25 [准备] 必要的做菜工具和调味料要事先拿出来放好

做菜过程中，一次次地寻找烹饪工具和调味料，打断烹饪进程，也是容易造成失败的原因。将所需的做菜工具事先准备好，放在随手能拿到的地方。将调味品计量好，放入小碗备用，如有必要，也可以提前调合。

小妙招 26 [准备] "煮沸""解冻""还原"的步骤在烹饪开始前集中完成

煮开水、解冻、还原干菜的步骤要花费不少时间，最好在烹饪开始前一次性完成。这些操作步骤虽然耗时，但只要处理完毕放在一边即可，其间可以进行其他工作。如果干菜还原所需时间不太长，可以设好计时器，防止泡发过度。

小妙招 27 [准备] 在用火之前，将必要的准备步骤集中完成

采用烤、煮、炸的烹饪方法，一般来说手法迅速是关键。将蔬菜切好，把鱼处理好，预先调味，这些都要在开火前准备完毕。如果是需要小火慢煮的料理，可以在开着火的同时收拾清洗用完的工具，这样后面的清理工作就会轻松许多。

小妙招 28 [准备] 削皮器和厨房剪刀是让烹饪变轻松的小工具

削皮器不但能用作削皮，也可以将胡萝卜和白萝卜处理成薄片再切成细丝，做姜丝时也非常方便。厨房剪刀可以剪葱段，把西蓝花剪成小朵。在使用菜刀之前，先想想是否可以用削皮器或厨房剪刀代替。

小妙招 29 [准备] 把厨房纸巾浸湿放在菜板下面

不要把菜板直接放在厨房案台上，而是将两三张厨房纸巾浸湿放在菜板下面，这样就不会因为菜板不平发出咯哒的声音。用完菜板后，用过的厨房纸可以擦拭案台周围或盘子上的油污，也不会造成浪费。

小妙招 30 [准备] 瓶盖太紧，可以戴上橡胶手套再拧

有时瓶盖太紧很难打开，可以戴上橡胶手套再拧拧看。

瓶盖好紧！

橡胶手套

小妙招 31 [准备] 烤鱼用的架子要事先预热，刷上色拉油和醋

烤鱼时，先将烧烤架预热3分钟左右，并刷上色拉油和醋，防止鱼皮粘到烤架上。虽然有些麻烦，但烤出的鱼完整漂亮，烤架清理起来也更轻松，不要偷懒省略事前的步骤。

小妙招 32 [准备] 在烤架上淋上淘米水，清理起来轻轻松松！

烤鱼之前，在烤鱼架和托盘上淋淘米水，放置凝固后，可以吸收烧烤时落下的油脂。烹调后取出扔掉，再清洗烤架和托盘就变得非常轻松了。

小妙招 33 [准备] 将量勺放入经常使用的调味料和粉类制品中

将量勺放入装有盐和白糖等调味品，淀粉、面粉等经常使用的粉类制品的容器中，这样就省去了每次测量后都要清洗量勺的麻烦。百元店卖的量勺就足够用了。盐盒里放小勺，其他的容器中放大勺。

用手掂量

不用工具，用手来测量分量，也就是"掂量"。如果能掌握这个技能，就节省了测量的步骤。

小妙招 34 [掂量] 大约为10克，大小相当于大拇指第一节

杂志的料理特辑，菜谱书上经常会出现"1片"这样的单位。经常在表示生姜或大蒜的分量时使用。"1片"约为10克，并不必特别计量，生姜约为拇指的第一关节的大小，大蒜约为中等大小的一瓣。

小妙招 35 [掂量] 生蔬菜120克，双手可以捧起，煮过的蔬菜120克单手可以拿起

为了保健和美容，每餐摄入120克蔬菜为宜。如果是生蔬菜，双手可以捧起的量约为120克，煮过的蔬菜大约是一只手掌能拿起的量。卷心菜、萝卜等浅色蔬菜约80克，南瓜、菠菜等黄绿蔬菜约40克，按照这样的比例搭配比较好。

小妙招 36 [掂量] "少许"是指两根手指轻轻捏住的分量，"些许"是指三根手指的

"少许"指的是大拇指与食指轻轻捏住时的分量，"些许"的分量稍多，大约是拇指、食指和中指三根手指轻轻捏住时所拿的量。

小妙招 37 [掂量] 一碗味噌汤使用的味噌量，大约是拇指与食指握成的圆圈大小

味噌汤使用的味噌量，一碗约为15克=1大匙。目测分量大约是拇指与食指握成的圆环大小。

小妙招 38 [掂量] 鱼肉的切块约为单手手掌大小。1餐70克为宜

人们经常将买回的鱼肉按照原来的大小直接料理，但如果从健康角度考虑，一天摄入140克，每餐分别摄入70克为宜。无论切块的鱼，炸猪排用的肉，或是牛排，每餐分量应为单手手指展开的大小。脂肪多的鱼或肉，应以单手手掌大小为宜。

料理步骤

小妙招掌握程度测试

苦恼时的补救小妙招

肉类

鱼类

鸡蛋·乳制品·大豆制品

蔬菜·白薯

蘑菇·海藻·水果

主食

饮料

开始做菜 *cooking*

做菜时能否灵活运用一些小窍门，
会大大影响食物味道和操作时间。
记住这些小窍门，就能快速做出可口的菜肴。

提升效率的小妙招

掌握好操作顺序，
就能够同时做几道料理，
大大提高做菜效率。

小妙招 39 [提高效率] 做菜前把水槽整体浇上水，餐后清理就能轻松许多

真正的料理达人在做菜之前，就已经开始考虑餐后整理的问题了。站在厨房中，做好准备工作之前，先在水槽内侧整体浇上水。餐后打扫的时候只要用海绵轻轻擦拭，污垢就能立即掉落。

小妙招 40 [提高效率] 切菜时按照蔬菜→鱼、肉的顺序

做菜时尽量避免把菜板弄脏，减少清洗的次数，是让做菜过程变得顺畅的诀窍。因此，切菜时要从蔬菜开始。需要切多种蔬菜时，途中只要用厨房纸轻轻擦拭即可。最后切鱼和肉，从头至尾只洗一次菜板即可。

小妙招 41 [提高效率] 气味重的蔬菜在厨房纸上切

切胡萝卜、生姜、大葱等气味重的蔬菜时，菜板容易沾上气味，混到其他食物中。为了避免这种情况，将厨房纸两次对折，直接在厨房纸上切菜，使用时将纸上的蔬菜放入，也减少了洗碗的数量。

小妙招 42 [提高效率] 先从花费时间长的料理入手，保证整体完成时间一致

同时做几道菜时，如果从简单快速的开始做起，再去做炖煮等需要长时间等待的料理，这不仅浪费时间，也会拖累整体做菜进程。决定好菜单之后，从整体完成时间的角度考虑，从花费时间最长的料理开始做起。

小妙招 43 [提高效率] 用一个锅焯烫蔬菜，注意每种蔬菜的过水时间

对没有涩味的蔬菜，用一个锅来焯烫可以提高效率。需要长时间煮的蔬菜可以直接放进锅里，稍微烫一下即可的蔬菜可以放在煮屉中，到时间直接捞起。

小妙招 44 [提高效率] 做菜途中用过的筷子可以不必清洗，先放入玻璃杯沾上水

做菜途中用过的筷子，不必每次都清洗，只要沾点水，就可以继续使用。在玻璃杯或马克杯里倒点水，放在炉灶旁，不用时将筷子立着放入即可。如果用来处理生的或气味重的食品，用海绵擦拭后只清洗筷子前端就可以了。

小妙招 45 [提高效率] 用微波炉加热蔬菜，还原干菜

微波炉是能将做菜时间大大缩短的好帮手。例如焯烫蔬菜，只要将刚洗过还沾着水的蔬菜用保鲜膜包好，直接加热。菠菜大约3分钟就能变熟，还原晒干的香菇和羊栖菜，只要往耐热的碗里放点水，在微波炉中加热4分钟，再放置5分钟就能快速还原（微波炉功率为500瓦的情况）。

小妙招 46 [提高效率] 熟练使用厨房计时器，做菜效率大提升！

养成用厨房计时器的习惯，在等待炖煮和烧烤菜期间，就能安心地做其他料理了。准备2~3个计时器同时兼用会很方便。

料理步骤

小妙招掌握程度测试

苦恼时的补救小妙招

肉类

鱼类

鸡蛋·乳制品·大豆制品

野菜·白薯

蘑菇·海藻·水果

主食

饮料

**＊＊
按照烹饪方法
整理的方便小妙招**

按照各种烹饪方法掌握了
做菜关键点，可以令味道
显著提升，同时大大
缩短所需时间。

小妙招 47 [油炸] 为避免溅油，要仔细吸干食材和调味料上的水分

下锅时溅油非常可怕，清理溅出的油点也很麻烦，大概很多人都有同样的烦恼。其实只要用厨房纸仔细吸干水分，再将食材放入油锅即可。做天妇罗和猪排时，为了炸出金黄外皮，要先裹上马铃薯淀粉。马铃薯淀粉可以吸走水分，也能防止溅油。

小妙招 48 [油炸] 天妇罗的面衣用冰水快速混合，再加一点醋

天妇罗的面衣炸不好，原因可能是搅拌过度，使面衣的温度升高变得黏稠。做面衣时使用冰水，搅拌至仍有小疙瘩的状态即可，另外，在面衣中加一大匙醋，可以防止面粉变黏稠，炸出脆的口感。

小妙招 49 [油炸] 在蛋液中加入色拉油，炸出的口感香脆可口

想要解决炸出的面衣没有酥脆的口感、炸制过程中面衣剥离的问题，只需在裹面粉或面包粉之前的蛋液中加入一大匙色拉油，就能轻松炸出好口感。也可以在食材上直接涂色拉油，再裹面粉或面包粉。

小妙招 50 [油炸] 使用竹筷子来查看油温

炸天妇罗时，先把竹筷子插到油里，如果筷子前端出现小气泡，说明温度适宜（约150℃）。炸制过程中出现大气泡，说明温度刚好（约170℃）。

小妙招 51 [油炸] 下锅炸制前在木铲或饭勺上整理外形、保持均匀

要做出外形完好、馅料齐整均匀的炸物，小妙招是先在木铲或饭勺上薄薄涂上一层油。把原材料整理妥当后，再用筷子轻轻将其滑入油锅，放入后用筷子调整避免散开，就大功告成啦!

小妙招 52 [油炸] 灵活使用炉灶上用的烤鱼架，代替吸油纸

炸制完成的食物，盛盘前将多余的油控出是关键。虽然有专用的吸油纸，但把炉灶上用的烤鱼架去除，垫上厨房纸巾，炸制完成的天妇罗、鱼虾等食物可以立即放在上面，也不占地方。做好菜之后将托盘取出，轻轻擦拭滴落的食用油。

小妙招 53 [油炸] 用空牛奶盒来控油，餐后清洁轻轻松松

将牛奶包装盒剪开

将牛奶盒内侧的薄膜撕下，把炸物放在纸盒上控油正合适。用完后直接扔掉，就不需要吸油纸或盘子了。

小妙招 54 [油炸] 炸完的油，趁热期间过滤保存

将炸完的油中大颗粒的杂质去除后，趁热期间用滤油壶保存起来，放在阴凉处，就可以再次使用。但是如果油呈现茶色，或出现较强的气味，就要更换新油了。放置了一段时间没有使用的油也会出现氧化，必须倒掉换成新油。

小妙招 55 [炖煮] 炖煮菜的味道按照"糖盐醋酱味噌"的顺序放入

顺序 白糖 糖 食盐 盐 醋 酱油 酱 味噌 味

怎样将炖煮菜做得美味，先人早有智慧。如果放糖之前先放盐，盐彻底进入食材后糖就会变得多余，食物是咸的，汤是甜的。

小妙招 56 [炖煮] 用铝箔代替盖子，十分方便

要做出美味的炖鱼、炖猪肉，锅盖是必不可少的。而市面上卖的盖子，不是尺寸不合适，就是气味太大。根据锅的边缘形状，用铝箔折成盖子，大小刚刚好，用完也可以直接扔掉。

小妙招 57 [炖煮] 超级简单用来去除浮沫的专用捞勺

用来去除浮沫的捞勺是厨房必备工具。只要在盛了水的碗中涮一下，漏眼就不会积存污垢，轻松去除浮沫。

用水清洗

料理步骤

小妙招掌握度测试

苦恼时的补救小妙招

肉类

鱼类

鸡蛋·乳制品·大豆制品

蔬菜·白薯

蘑菇·海藻·水果

主食

饮料

小妙招 58 [炖煮] 用浴巾和报纸，环保地做出美味炖菜

关东煮、煮豆子、筑前煮这些料理要入味才好吃，但长时间开着火太浪费煤气。锅里沸腾后，转小火煮 5 ~ 10 分钟后关火，将锅转移到不碍事的地方，用报纸包上后再裹上浴巾即可。可长时间保温，让食物更加入味。

小妙招 59 [炖煮] 防止煮后形状塌掉，用削皮器削去棱角，又快又简单！

炖煮料理中使用的蔬菜，在下锅前用削皮器削去棱角。既可以避免煮后形状塌掉，也因为表面积增加了所以更容易熟，使做菜时间缩短。

小妙招 60 [炖煮] 炖鱼时先把高汤煮开，再放入鱼

想要炖出美味的鱼，先将汤底煮开后再放鱼是关键。鱼的表面会迅速收缩，将美味锁在内部，也可以抑制腥味。鲭鱼、鲽鱼等气味特别重的品种，用 90℃ 左右的热水浇到鱼身上，表面颜色变了之后再放入锅中。

小妙招 61 [炖煮] 用平底锅炖鱼，比深锅更简单易上手

平底锅活跃于烧烤、炒菜等烹调手法中，而用它来炖鱼也非常方便。操作方法和在锅里炖煮完全相同。因为锅不太深，汤汁较少，炖好鱼盛盘的时候，形状也容易保持。用不粘涂料加工的平底锅，餐后清理只需简单冲洗，非常方便。

小妙招 62 [炖煮] 锅底垫上海带，可以防止鱼的形状塌掉

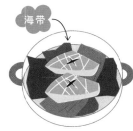

海带

炖鱼的时候，从锅底涌上来的气泡使鱼肉晃动，导致形状塌掉。在锅底垫上海带，既可以避免形状塌掉，也可以让汤汁变得美味。

小妙招 63 [炒菜] 炒菜和炖菜时，保证蔬菜切块大小近似

炒菜和炖菜时，需要将蔬菜加热处理，将每种蔬菜都切成近似的大小，味道更好，看起来也更漂亮。如果将大小不均的蔬菜放入锅中，熟的程度难以掌握，容易出现炒过火和半生的情况。

小妙招 64 [炒菜] 先加热平底锅再放油，油更容易铺开

先把平底锅在火上加热再放油，油更容易铺开。一开始放入的油以 5 ~ 10 克为宜，开始冒白烟后放入食材。用不粘涂料处理过的平底锅，如果在火上干烧时间太长，涂层容易剥落，因此只要稍微加热即可。

小妙招 65 [炒菜] 炒菜的顺序为：肉→蔬菜→鸡蛋

炒菜的顺序会极大地影响食物的味道。如果先炒蔬菜，菜中的水分会让肉的鲜味流失，所以要先用大火炒肉，让肉的表面收缩，再按照水分多的蔬菜→水分少的蔬菜的顺序放入。最后再放鸡蛋，可以吸收其他食材的鲜味和水分，让味道鲜美。

小妙招 66 [炒菜] 用大火快炒，在水分没析出之前完成

要炒出一盘味道美妙的菜，用大火快炒是关键。否则时间一长，食材中的水分就会流出，变成了煮菜，失去了爽脆的口感和嚼劲。将食材和调味料全部放入平底锅时，也要保证锅的温度足够高。

小妙招 67 [炒菜] 炒完菜立即将食物从平底锅盛入盘中

好不容易用大火快炒完成一道菜，如果一直放在热锅里，和开着小火的效果一样，会造成水分流失，味道和口感都会打折扣。

炒完菜后立即盛盘，在开火前就要备好盘子。

小妙招 68 [小菜] 一边淋上沙拉酱一边盛盘，只要一半的量就足够了

其实沙拉酱的热量和盐分很高，尽量少放些比较健康。将蔬菜放入碗中，一边淋上沙拉酱一边盛盘，可以让味道变得均匀，只要一半的量就足够了。

小妙招 69 [小菜] 开饭前使用塑料袋快速做出小菜

蔬菜容易出水，小菜的正确做法是在即将开饭之前迅速做好。在塑料袋中放入食材和调味料，用手混合即可简单快速地完成。

料理步骤

小妙招掌握度测试

苦恼时的补救小妙招

肉类

鱼类

鸡蛋·乳制品·大豆制品

野菜·白薯

蘑菇·海藻·水果

主食

饮料

小妙招 70 [汤] 少量的高汤，用茶滤和鲣鱼节就能快速完成

只做 1 人份的清汤或高汤炖菜，煮开一大锅水再取汤汁有些麻烦。如果只要少量的高汤，可以在杯子中放上茶滤，里面放入一袋鲣鱼节，倒入开水等待 1 分钟左右即可。用完的鲣鱼节，与梅干拌在一起，就成了饭团的美味馅料。

小妙招 71 [汤] 自己在家制作味噌的汤底，是忙碌早晨的好伙伴

每天早上做味噌汤太麻烦，做一份"自制味噌汤底料"常备是个好办法。做法：在结实的塑料袋内放入 120 克味噌、半袋鲣鱼节、约 1/4 根大葱切小段，用手混合（约为 8 次的分量）。在袋子上剪个小口，向碗里倒入约乒乓球大小的底料，再加入热水即可。

小妙招 72 [汤] 用打泡器溶解味噌比筷子更方便

用筷子溶解味噌，操作不好就会很麻烦，很多人都有过类似经历，不妨试试用打泡器。用打泡器取出适量的味噌放入锅中，做类似清洗的动作，味噌会很快溶解。之后只要简单冲洗打泡器即可。

小妙招 73 [蒸菜] 金属材质的网盆可以代替蒸锅，轻松做出蒸菜

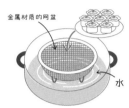

金属材质的网盆

在沸腾的锅里放入金属网盆，再将食材盛在耐热的盘子里放入，简单的蒸锅就做好了。为了避免锅盖上的水滴落，可以用布包着盖子。

小妙招 74 [蒸] 蒸锅里的水不要超过容器的 2/3，蒸汽产出后再放入食材

蒸锅里放入的水，约为容器深度的 2/3 为宜。水太多沸腾时容易溢出，水太少容易烧干，比较危险。

刚开始蒸的时候锅内温度低，食材放太早蒸出的食物容易变得湿乎乎的，应等水沸腾后再放入食材，转小火即可。

小妙招 75 [蒸] 轻松简单！没有蒸锅也可以做出茶碗蒸

做茶碗蒸的时候，将容器整个放入锅内，用"地狱蒸法"就可简单完成。

锅内放入约一半的水，将盛有食物的容器浸入水中。盖上用布包着的锅盖，大火约 3 分钟，再转成小火蒸 12 分钟就完成了。看到食物变成表面光滑有弹性的样子就是蒸好了。

容易弄错的 料理用语

以往一直都没有特别用心，随意使用着料理用语。不妨在了解这些词的真正意思后，严格按照菜谱去做一道菜。

小妙招 76 [料理用语] 分清"半没"与"没过"的区别

半没

没过

"半没"指的是锅中的食材露出水面一点。"没过"指的是食材完全浸入水中。

小妙招 77 [料理用语] 分清"控干水分"与"挤干水分"的区别

"控干水分"指的是将洗过的蔬菜放入篮筐甩干，把表面残留的水分甩掉。如果说的是肉，则使用厨房纸将表面水分吸干。

"挤干水分"指的是将焯烫过的菠菜等控干之后，再用力挤出水分。

小妙招 78 [料理用语] "快速焯烫"指的是"留有爽脆口感"的意思

读菜谱书的时候，处理手法经常会用"快速焯烫"来表示，指的是将生食材放入沸腾的水中稍微烫一下，让口感仍然保持爽脆的程度。

菠菜焯烫时间 10 ~ 15 秒，豆芽 5 ~ 10 秒即可。

小妙招 79 [料理用语] "热锅热油"指的是将油倒入锅中充分散开

炒菜的时候，首先要将锅烧热，先多放些油，转动锅身让油扩散开，就叫作"热锅热油"。这是炒菜过程中不让食材粘到锅上的做法，如果使用涂有不粘涂料的平底锅或炒锅，将油直接放入也可以。

小妙招 80 [料理用语] 分清"大火""中火""小火""微火"的火力区别

大火　中火

小火　微火

在炉灶上火力的大小如左图所示。如果是电磁炉，对照说明书上温度和火力对照表，确认火力大小。

料理步骤

小妙招掌握度测试

苦恼时的补救小妙招

肉类

鱼类

鸡蛋·乳制品·大豆制品

蔬菜·白薯

蘑菇·海藻·水果

主食

饮料

餐后清理

washing-up

想要随时能够心情愉悦、高效率地做菜，
厨房周围必须始终保持干净整洁。
记住这些小窍门，餐后清理就能变得轻松。

洗碗

餐后打扫中最麻烦的就是
洗碗了。首先要想想怎样
能减少需要清洗的
碗碟数量。

小妙招 81 [烹饪中] 依照步骤、使用工具，尽量减少烹饪中需要清洗的碗碟

烹饪中，菜板、碗碟等物品需要反复多次清洗，每次都会打断做菜进程，浪费时间。巧妙安排切菜的顺序可以减少清洗菜板的次数（→P8 小妙招 40），拌小菜以及加调味料时可以灵活运用塑料袋（→P10 小妙招 69），这样就大大减少了需要清洗的东西数量。

小妙招 82 [烹饪中] 细心考虑烹饪工具和碗碟的使用方法，让餐后清理变轻松

想让餐后清理变得轻松，首先要尽量减少烹饪中使用的工具和碗碟数量。用砂锅和塔吉锅做菜可以不用换盘，将常备菜放在色彩丰富漂亮的容器中，直接可以端上餐桌。假日的早午餐，可以采用"一盘式"摆盘，还可以体验到咖啡馆的感觉。

小妙招 83 [烹饪中] 用食醋去除菜板沾上的鱼腥味

处理完生鱼的菜板，即便用洗洁剂清洗还是无法去除腥味。这时可以用海绵沾上洗洁剂清洗过一遍后，用厨房纸沾一些食醋冲洗菜板。食醋具有消毒杀菌的效果，腥味立即就会消失。需要特别注意的是，菜板的气味难以去除时，用热水冲洗会起到反作用。

小妙招 84 [烹饪中] 擦丝器和削皮刀的缝隙可以用旧牙刷清洁

旧牙刷

擦丝器和削皮刀的刀刃缝隙中积存的脏东西，可以一边用流水冲洗一边用旧牙刷将脏污扫出。用完后立即清洗的话，不用洗洁剂也可以。

小妙招 85 [清洗碗碟] 按照干净程度将碗碟分开，按照油污轻→油污重的顺序清洗

如果将油污重的餐具和油污轻的餐具放在一起，油渍会扩散，让洗碗过程变得困难。从油污重的碗碟开始清洗，海绵会吸收油分，难以清理。这时要将餐具按照干净程度区分开，先洗油污轻的再洗油污重的。

小妙招 86 [清洗碗碟] 油污特别多的餐具不要叠放在一起，先把表面的油擦掉再清洗

将表面油污重的餐具叠放在一起，会弄脏其他餐具的背面。用报纸等将油污擦掉再冲洗，既省事又能节约洗洁剂和水资源。

小妙招 87 [清洗碗碟] 木质和漆器的碗筷立即用温水清洗

木质的碗筷、漆器工艺的餐具绝对不可以用完就放在一边不管。使用完毕应立即抹上洗洁剂用温水冲洗，再用柔软的布认真将水迹擦干。如果木头或竹制的筷子上油污比较严重，先在温水中涮过之后再将脏水冲掉即可。需要特别注意的是，如果没有认真将水迹擦干，可能会造成木器开裂。

小妙招 88 [清洗碗碟] 杯子上的白色水雾可以用土豆皮擦拭

玻璃质地的杯子即便用洗洁剂洗过之后，也会起白色水雾。要去除白雾，可以用土豆皮或土豆横截面擦拭玻璃杯，土豆中含有的皂苷成分可以去除玻璃上的油污，让其闪亮如新。

料理步骤

小妙招掌握度测试

苦恼时的补救小妙招

肉类

鱼类

鸡蛋·乳制品·大豆制品

野菜·白薯

蘑菇·海藻·水果

主食

饮料

小妙招 89 [清洗碗碟] 餐具上的污渍可以用小苏打+铝箔

叉子和勺子最好始终保持光亮如新。黑色的痕迹和污垢出现的时候，可以用铝箔垫在容器内，烧开一杯水，放入一大匙小苏打，浸泡4小时左右。之后只要用水冲一冲，餐具就会同刚买来时一样的闪亮。需要特别注意的是，铝制品不能使用这个方法。

小妙招 90 [清洗完成] 将碗碟摞在一起洗，既可以节约时间，又节省水资源

把用洗洁剂洗过的餐具按照从大到小的顺序摞起来，从上方开始冲洗，水会流到下面的碗碟上，把下方的洗洁剂和污渍冲洗掉。

小妙招 91 [清理完成] 最后浇上热水，既可以让碗碟迅速干燥还有杀菌效果！

冲洗过后的最后一道步骤是将容器中的热水倒入水槽。餐具表面温度上升后，水分蒸发得更快，也会有杀菌效果。趁热时擦拭餐具，可以一下擦干剩余的水分，所以尽量立即擦拭。

垃圾的处理

厨余垃圾如果不及时清理会产生臭味。如果扔掉垃圾后还有气味遗留，要学会如何应对。

小妙招 92 [清理垃圾] 不留三角地带！烹调过程中产生的厨余垃圾集中到一个碗里

如果做菜过程中把厨余垃圾堆在三角地带或者排水口周围，之后再处理起来就会非常费事。烹饪过程中在水槽里放一个碗，将厨余垃圾放入，最后只要清理这个碗即可。养成餐后及时倒垃圾的好习惯，可以防止厨房产生臭味。

小妙招 93 [清理垃圾] 厨余垃圾要控干水分，放入塑料袋，防止产生臭味、避免招虫

如果将蔬菜残渣、鱼的内脏等厨余垃圾直接扔进垃圾桶里，里面的水分会导致垃圾腐烂，产生臭气，招来害虫。应将水分彻底挤干后用报纸包上，再放进塑料袋里。用带脚踏板的垃圾箱放厨余垃圾会很方便。

小妙招 94 [清理垃圾] 用牛奶盒+报纸处理少量的炸油，一招搞定！

如果剩的炸油不多，把报纸团成团放入牛奶盒，将冷却后的油倒入盒中扔掉即可。为避免渗漏，用胶带仔细把口封上。

小妙招 95 [清理垃圾] 把丝袜做成滤网，保持排水口漏网的清洁

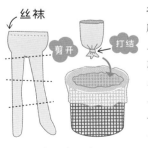

丝袜

剪开　打结

将丝袜的腿部剪成三段，把除脚部之外的几段单侧打结，做成袋状。一条丝袜可以做成6个小滤网。

小妙招 96 [清理垃圾] 不只是厨余垃圾！装鱼和肉的包装也是产生臭气的原因！

在超市购买鱼、肉时的包装塑料盘，不要直接扔掉，一定要清洗过后再扔。如果直接扔进垃圾箱，盘子表面残留的黏液、肉汁会成为产生臭气的源头。仔细地清洗之后，也可以作为做油炸食品时裹蛋液、裹面包粉的容器再次利用。

小妙招 97 [防止恶臭] 咖啡渣放置干燥后，用作厨余垃圾的除臭剂

即使用塑料袋、报纸密封，依然有厨余垃圾的气味的话，将放置干燥的咖啡渣均匀撒在厨余垃圾中。如果有水分残留会更容易导致垃圾腐烂，一定要注意彻底干燥后使用。对于臭味特别严重的垃圾，也可以用撒小苏打的方法处理。

小妙招 98 [防止恶臭] 炎热夏天的终极杀手锏！将厨余垃圾冷冻保存

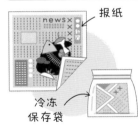

news×

报纸

冷冻保存袋

盛夏时节将厨余垃圾放干后用报纸包好，放入保存袋冷冻保存。虽说是厨余垃圾，原本就是食材，处理完毕后立即冷冻，不会产生卫生问题。

小妙招 99 [防止恶臭] 在垃圾箱底部垫上报纸，以应对污水及恶臭

即便在垃圾箱中放了垃圾袋，也可能在不注意时破了洞，厨余垃圾中流出的污水就存在了垃圾箱底。为了防止这种情况发生，可以在垃圾箱底部垫上2~3张报纸，报纸还具有除臭效果，弄脏了只需更换即可。

料理步骤

小妙招掌握度测试

苦恼时的补救小妙招

肉类

鱼类

鸡蛋·乳制品·大豆制品

蔬菜·白薯

蘑菇·海藻·水果

主食

饮料

烹饪工具 的选择

烹饪工具是做菜必不可少的东西，只要掌握了正确的清理方法，工具就能相当耐用。

小妙招 103 ［锅］ 铜锅很容易变黑，用醋加上盐，仔细擦拭打磨

铜锅的导热率高，用来煮和炸很方便，但缺点是很容易变黑。与其用清洁剂或钢丝球用力刷洗，不如选择用浸过醋和盐的海绵擦拭，轻轻松松擦掉黑渍。另外，如果将料理长时间放在锅中容易导致锅发青，要立即清空，迅速清洗。

小妙招 107 ［平底锅］ 铁制的的平底锅与不粘平底锅不同，需要特别注意

铁制的平底锅或中式炒锅，食用油会在锅的表面形成一层保护膜，可以防止生锈开裂，因此不必将油彻底清除。可以不放洗洁剂，只用温水刷洗即可。洗净之后，使用时在炉灶上将锅内水分烧干再放油，将油均匀地润在锅底。

小妙招 100 ［锅］ 煮柠檬可以去除铝锅上的黑锈

将锅里的水煮沸，取一个柠檬切成薄片放入，煮20分钟左右。把热水和柠檬倒掉后，用海绵轻轻擦拭，铝锅即可恢复光洁。

小妙招 104 ［锅］ 砂锅要在冷却后清洗，收入餐柜之前要完全晾干

如果在砂锅还有余热时就用水清洗，容易造成锅身开裂，一定要在冷却之后再洗。如果锅中有油污不易洗干净，可以用温水浸泡。洗完砂锅之后，一定要将水分擦干，放在干燥通风的地方晾干，否则容易产生裂痕。

小妙招 108 ［平底锅］ 铁制的的平底锅烧焦了的时候，先在炉灶上干烧，再用冷水将铁锈冲掉

用大火干烧

烧焦的铁制平底锅，用大火在炉灶上干烧10分钟左右，再用自来水冲洗冷却即可。

热的铁锅遇到冷水迅速收缩，铁锈会自然剥落。

小妙招 101 ［锅］ 铁锅将柿子皮或泡过的茶叶煮开可以去除锈迹

铁锅如果长时间放置不用，铁中所含杂质会出现在锅的表面，形成锈迹。这类锈迹即便使用海绵使劲擦拭也很难去除，这时可以将柿子皮或泡过的茶叶放入锅中煮开。柿子和茶叶中产生涩味的丹宁酸可以吸附锈迹，之后只要用水洗净即可。

小妙招 105 ［平底锅］ 有不粘涂层的平底锅，不能用力刷洗

用不粘涂料处理过的平底锅可以避免糊锅，如果用力刷洗就会破坏不粘涂层。使用完毕后，趁污渍未干之前用沾有洗洁剂的海绵擦拭，再将水分擦干。再次使用时，如果为了去除水分而把锅放在炉灶上干烧，也容易造成不粘涂层受损。

小妙招 109 ［微波炉］ 将水放进微波炉加热，可以轻松去除微波炉内的油污

加热菜时，微波炉的内壁可能会沾到飞溅的油渍。清洁微波炉前，可以将水放入耐热容器，在微波炉里加热。水蒸气沾在内壁上，轻轻擦拭就能让微波炉变干净。如果有特别顽固的污渍，重复操作几次即可。转台上的容器要取出来整体清洗。

小妙招 102 ［锅］ 烧黑的锅先用淘米水清洗，如果没有效果，可以使用小苏打

最近市面上的锅大多数都有内层涂料，即便烧焦也不能用钢丝球清洗。首先倒入淘米水放置一晚，如果没有效果，可以盛一杯水加一大匙小苏打放入锅中煮沸。烧焦的部分会自然脱落，之后用海绵擦拭冲洗即可。

小妙招 106 ［平底锅］ 平底锅里的油，炒一些盐就能彻底清洁！茶包也能派上用场

平底锅里沾了油，放一些盐在锅里煎，能起到吸油效果，轻松恢复清洁。也可以用喝完的绿茶、红茶的茶包擦拭平底锅表面。

小妙招 110 ［微波炉］ 柠檬皮和茶叶可以击退微波炉内的异味

如果微波炉内产生异味，可以将柠檬、橘子皮，或者完全晾干的茶叶梗放入耐热的容器中，把微波炉火力调至最小，加热一分钟左右。香味留在微波炉内，异味就会消失。如果效果不明显，可以采用小妙招109，再次彻底清洁微波炉内部。

料理步骤

小妙招掌握度测试

苦恼时的补救小妙招

肉类

鱼类

鸡蛋·乳制品·大豆制品

野菜·白薯

蘑菇·海藻·水果

主食·饮料

小妙招 111 ［水壶］ 水壶表面变得黏糊糊的，单单擦洗是不够的！

水壶表面变得黏糊糊的，是因为沾到别的锅子溅出的油渍。油渍用清水无法彻底清洁，需要将弱碱性的粉末型厨房清洁剂溶于温水，浸泡水壶1~2小时后，用海绵轻轻擦拭。水壶内壁容易有清洁剂残留，要注意清洁后首次使用时将水煮沸倒掉。

小妙招 112 ［水壶］ 水壶上白色的顽固污垢可以用醋清除

水壶的壶口、盖子周围附着的白色污垢，是由水中所含的钙化物结成的水垢。可以将水和醋以1:1的比例混合，用来溶解这种顽固的水垢。

小妙招 113 ［水壶］ 心爱的水壶使用时间长了，颜色变成茶色的时候，就该轮到专用清洁剂登场了！

不锈钢制的水壶，使用时间长了颜色会变成茶色，这不是污渍，而是金属烧过后留下的痕迹，用洗洁剂无法清洗。如果是轻微的烧痕，用带洗碗布的海绵擦就可以清洁，如果是整体变色，就要使用厨房专用的不锈钢清洁剂。用布沾一些清洁剂擦拭，就能轻松擦掉灼烧过的痕迹。

小妙招 114 ［菜板］ 避免菜板上出现黑色细纹，在阴凉通风处晾干最有效！

菜板上染上的黑色污渍实际上是开裂的细纹。如果要防止裂痕的出现，使用完毕后仔细清洗、迅速擦干非常重要，但这还不够。每周至少要把菜板放在室外阴凉通风处晾干一次，这样菜板沾到的食材气味也能彻底清除。

小妙招 115 ［菜板］ 用放置漂白的方法对菜板进行彻底消毒！有效预防食物中毒

用漂白法对菜板进行消毒的确非常有效。但菜板太大无法整体放进桶里，如果要将菜板整体仔细漂白，可以准备一个足够大的密封袋，将厨房专用漂白剂加水稀释，放入密封袋。最后用海绵沾些洗洁剂擦洗漂白后的菜板，避免漂白剂残留。

小妙招 116 ［菜板］ 食盐能杀菌，是具有研磨效果的天然清洁剂

顺着木纹方向

要清除木制菜板上的污渍，可以在菜板表面整体撒上盐，顺着木纹方向用刷子清扫即可。这样既可以避免划伤菜板，又能轻松去除污渍。

小妙招 117 ［菜刀］ 做菜时的方便小窍门：用碗的底托让锋利的刀刃复活！

大约磨10次

瓷碗

将菜刀润湿，把刀刃放在碗的底托上，正反两面前后来回磨10次左右，即可令刀刃锋利。需要注意的是，陶瓷刀不能使用这个方法。

小妙招 118 ［厨房剪刀］ 剪锡纸可以使厨房剪刀的刀刃恢复锋利

两张锡纸叠在一起

将两张锡纸叠在一起，用厨房剪刀剪3~4次，刀刃就会自然恢复刚磨好的锋利状态。利用别处剩下的锡纸就足够了。

小妙招 119 ［电水壶］ 电水壶内侧附着的表面粗糙的水垢，可以用醋去除

电水壶内侧附着的表面粗糙的水垢，不仅看起来很糟糕，也会导致水壶的加热、保温效果变差。在水壶中倒水至九成满，加入两大匙醋，把水烧开，将电源切断，放置1小时左右。醋会自然地将水垢溶解，轻轻擦拭就能掉落。

小妙招 120 ［保温壶］ 用土豆皮清除壶中的茶叶渍，用小苏打去除异味。

土豆中含有淀粉成分，对于去除茶叶渍效果明显。尤其难以清除的是保温壶内侧。将一个土豆量的皮放入壶中，再放少许水，盖上壶盖上下摇一摇，就可使内壁恢复光洁。如果内部有异味，可以往壶中倒入温水，加入两大匙小苏打，放置一晚即可。

小妙招 121 ［搅拌机］ 将鸡蛋壳放入搅拌机，可以清洁机器内侧污垢

搅拌机比较难以清洗，使用完毕后用自来水简单冲洗，放入约三分之一的水和三个鸡蛋壳，再倒入几滴洗碗剂，按下启动开关。鸡蛋壳被打碎成粉末，就能清洁手指伸不进去的地方。清洁完毕后将水分擦去，完全晾干后再收起来。

小妙招 122 ［密封容器］ 塑料容器中的异味可以用淘米水去除，如果使用日本酒，效果立竿见影！

密封容器、便当盒等塑料容器一旦沾上气味就很难洗掉。发现有异味时，可以试着放入淘米水静置1小时左右。如果想立即去除气味，用浸过日本酒的厨房纸擦拭也是个好方法。盖子的内侧特别容易残留气味，不要忘记清理。

料理步骤

小妙招掌握度测试

苦恼时的补救小妙招

肉类

鱼类

鸡蛋·乳制品·大豆制品

蔬菜·白薯

蘑菇·海藻·水果

主食

饮料

＊ 清理厨房 ＊

在厨房里，"弄脏之后立即清理"
是一项基本原则。
长时间放置在一旁，
污垢就很难去除了。

小妙招 123 [基本] "小苏打"是清扫厨房的好帮手

小苏打（碳酸氢钠）是地下水中含有的天然矿物质，常用作面包的蓬松剂和胃药。小苏打有着极强的清洁力和除臭能力，又不会破坏环境，用在厨房清扫上不必有所顾虑。作为清洁用品，在大型家居商店也能买到，在厨房常备一小瓶会很方便。

小妙招 124 [基本] 擦拭起来非常便利！制作碳酸氢钠溶液喷雾

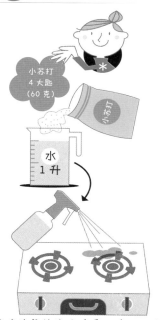

小苏打
4大匙
（60克）

水
1升

有了碳酸氢钠溶液喷雾，清理灶台表面的油污就更加便利了。如果出现了黏糊糊的地方，用喷雾直接喷过后，用干布擦净即可。除了铝制品和漆器外，大部分物品表面都可以使用。

小妙招 125 [炉灶] 炉灶周围的污渍要趁余温用小苏打溶液擦拭

炸制、炒菜时无法避免油渍的喷溅，放置时间越长越难以清除。趁着油渍还没冷却时，使用小苏打喷雾，再用抹布或报纸擦干。除了炉灶之外，周围的墙壁、地板也可以用小苏打喷雾清理，防止油污变得黏糊糊的。

小妙招 126 [炉灶] 煮意大利面和乌冬的汤可以用来擦拭油污

煮意大利面或乌冬的时候，可以顺便用面汤清理炉灶周围的油污。面汤中溶解的面粉成分可以包裹油滴，让油渍更容易清除。干燥凝固的油渍，只需轻轻擦拭即可掉落，是非常值得推荐的方法。最后将水分擦干就完成了。

小妙招 127 [炉灶] 用喝剩下的啤酒，让炉灶周围也变得干干净净

喝剩下的啤酒是打扫炉灶的有力武器。用啤酒浸湿抹布擦拭台面，啤酒中的糖分和酒精可以使油渍溶解，具有惊人的去污能力。碳酸已经挥发的啤酒、其他的发泡酒也可以使用。不必担心啤酒的独特气味，过一会儿就会自己消失。

小妙招 128 [炉灶] 特别顽固的烧焦痕迹，用膏状的小苏打涂抹表面，放置一晚

炉灶上烧焦的痕迹用小苏打清洗，比清洁剂更有效。将小苏打与水以2：1的比例混合成为膏状，厚厚地涂在烧焦的部位放置一晚，小苏打会自动分解锈迹，只需轻轻擦拭即可掉落。特别顽固的痕迹要将此步骤重复2～3次。

小妙招 129 [炉灶] 炉灶架上的油污凝固成块，用火烧的方法融化油渍

炉灶架

打火机

用火烧，
让凝固的油污融化

凝固成块状的油污，用长柄打火机烧热可以融化油渍。之后用刷子清扫就可将油污刷掉。如果使用膏状的小苏打去污效果不明显，可以试试这个方法。

小妙招 130 [炉灶] 如果烤鱼架沾上了顽固的烧焦痕迹，用热水+小苏打浸泡

烤鱼用的铁架和下面的托盘，积存烤鱼滴下的油，容易产生烧焦痕迹。如果清洗过后也难以去除烧焦的痕迹，不妨在托盘中放入1杯热水和1小匙小苏打溶液，放置一晚后就可轻松去除。清洗干净后，下次使用前记得在托盘中先倒入淘米水（见小妙招32）。

小妙招 131 [电磁炉] 电磁炉上的烧焦痕迹用小苏打+保鲜膜去除

电磁炉的玻璃板如果用钢丝球刷很容易造成划痕。处理微晶玻璃板上灼烧的痕迹，可以撒上一些小苏打再滴几滴水，把保鲜膜揉成一团当作海绵擦用。不必太用力，轻轻地用画圆的动作擦洗即可。

小妙招 132 [排风扇] 清理排风扇上的油污，浸泡比擦洗更有效。

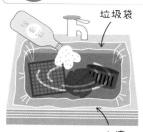

垃圾袋

水槽

温水中加一些厨房专用粉末洗涤剂，将拆下的零件整体泡入水槽放置1小时。在水槽内侧垫上大号的垃圾袋，收拾起来会轻松许多。

小妙招 133 [排风扇] 黏糊糊的油渍在浸泡清洗前，先用面粉去油

灰尘和油污混合在一起，让排风扇变得黏糊糊的，直接浸泡是不行的。将排风扇放在报纸上，从上面撒一层薄薄的面粉稍等片刻，面粉就会吸走油污，只要轻轻擦拭就会掉落。油污掉落之后再浸泡即可（见小妙招132）。

小妙招 134 [水槽] 将土豆皮、柠檬皮晾干，可以用来为水槽去污

如果有榨完汁的柠檬、土豆皮，扔掉前可以用来擦拭水槽、水龙头周围。使用柠檬的内部和土豆皮白色的那一面擦拭。柠檬中的酸和土豆中的淀粉可以溶解水槽上的污渍，擦过之后只要用水冲洗就能光亮如新。

小妙招 135 [水槽] 水槽上的黑色污渍，可以用醋或番茄酱彻底清除

水槽中的黑色污渍，可以把厨房纸浸在加10倍水稀释的醋中，贴在污渍位置5分钟左右，再用海绵蘸着清洁剂擦拭。把番茄酱直接涂抹在黑色污渍上也是个不错的方法。但要注意将醋和番茄酱彻底洗净，否则会产生新的污渍。

小妙招 136 [水槽] 在便当中使用过的锡纸杯，可以用来防止下水出现黏液

便当中用过的锡纸杯，稍微洗过之后可以放入下水口的滤网中防止黏液出现。这是由于水与锡纸杯中的金属离子发生反应，杀死了导致黏液产生的细菌。除了锡纸杯之外，使用完的锡纸、10日元硬币也可以起到同样的效果。

小妙招 137 [水槽] 下水口的臭味，可以用大碗盐水紧急处理

即便已经将下水口的垃圾滤网冲干净也无法消除臭味，那气味的来源就是连接下水口的水管。想立即去除气味的时候，在碗里盛一些温水，将盐溶解，倒入下水口。但这毕竟只是紧急处理方法，有时间的话还是要用下水管清洗剂认真清扫。

小妙招 138 [水槽] 小苏打＋醋，可以不弄脏手就把下水口扫得干干净净

如果不愿用手直接清理黏糊糊的下水口，可以借助小苏打和醋的力量。将半杯小苏打粉直接撒在下水口上，再倒上1杯醋，用平常不用的盘子等当作盖子盖住。小苏打与醋发生化学反应产生气泡使污垢浮出，放置30分钟左右之后用热水冲洗即可。

小妙招 139 [水槽] 防止下水口堵塞，需要每月进行一次"一气疏通"工作

"一气疏通"的操作步骤，首先将下水口滤网、防臭网取下，用小碟子等作盖子。接下来将水槽放满温水，倒入洗碗用的洗洁剂，打开盖子一口气将水放掉。管道内壁、拐弯处附着的油污可以借助水压清洗干净。

小妙招 140 [水槽] 餐后清理结束之后，用热水整体浇在水槽上

水槽内的水垢、黑色污渍的根源实际上是残留的水。洗碗等清扫工作完成之后，用海绵和洗洁剂清理水槽，最后浇上热水。水分蒸发后就不会残留在池内，同时具有杀菌效果。只要每次都记得完成这个步骤，水槽内就会一直保持清洁，也就不需要用力擦洗了。

小妙招 141 [冰箱] 将隔板取下整体清洗。内部用小苏打溶液喷雾擦拭

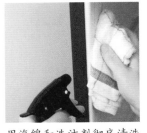

冰箱内产生气味是由于内部的污垢。将可拆卸的隔板整体取下，用海绵和洗洁剂彻底清洗。其他位置用柔软的布和小苏打溶液清理。

小妙招 142 [冰箱] 小苏打具有除臭效果，可以用来消除冰箱内的异味

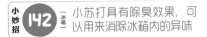

把小苏打的粉末装进瓶子，用纱布作盖子代替除臭剂。以每层放置一个为宜，除臭效果可持续2～3个月。

小妙招 143 [冰箱] 用厨房纸防止冰箱门储物盒的交叉污染

沙拉酱、酱汁等放在冰箱门内侧，液体容易漏出弄脏储物盒。可以将厨房纸折叠成合适大小垫在储物盒底部。厨房纸可以吸收气味，即便没有弄脏，也要每月更换一次。

小妙招 144 [冰箱] 蔬菜盒的底部垫上报纸，扫除轻轻松松！

如果直接将蔬菜放入蔬菜盒中，蔬菜根部的尘土、菜中流出的水分等会积存在盒子底部，不够卫生。在蔬菜盒中垫上报纸就能避免这种情况。垫上2～3张纸，每月更换一次，清理时用小苏打喷雾擦拭，即可保持蔬菜盒内清洁。

料理步骤

小妙招掌握度测试

苦恼时的补救小妙招

肉类

鱼类

鸡蛋·乳制品·大豆制品

蔬菜·白薯

蘑菇·海藻·水果

主食

饮料

如果有剩菜

remake

preservation

花费心思做好的料理，应该一口不剩地享用完。
记住冷冻保存和重新加工的小妙招，
无论是剩下很多，还是剩下一点，都不再烦恼！

冷冻保存

如果有剩下的菜和食材
要立即冷冻。
只要冷冻时稍微花些功夫，
美味立即升级！

小妙招 147 [基本] 即便没有急速冷冻功能，用金属托盘也可以快速冷冻！

冷冻室的急速冷冻功能，可以在不破坏食物味道和口感的前提下，迅速将食品冷冻，非常实用。即便冰箱没有这个功能，稍微花些功夫也能达到同样的效果。在冷冻专用的保存袋中放入导热性好的金属托盘，将冷冻室调为强力模式，冷冻完成之后，不要忘记将温度调回去！

小妙招 150 [基本] 汤类要放在金属托盘上，平置＋快速冷冻

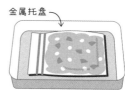
金属托盘

形状不定的汤类食品，放入冷冻保存袋后平置在金属托盘内。薄而平地放置，而且要快速冷冻。如果有空气混入会导致氧化，所以要尽量将空气排出，接近真空状态，从头至尾将口仔细封好。

小妙招 145 [基本] 剩下的菜和食材，趁新鲜时分成小份冷冻起来

做好的菜，要在购买食材的当天冷冻起来，这是冷冻保存的基本常识。剩下的食品要趁早冷冻，此外一旦解冻就不能再次冷冻，因此要考虑食用或取出使用时的分量，事先分成小份冷冻保存。

小妙招 148 [基本] 防止产生冷冻气味，可以用保鲜膜把食物包好后放入冷冻专用袋

冷冻室中存放了各种各样的食品，气味互相重叠，会产生独特的冷冻气味，为了避免这种情况发生，要将食品各自密封保存。固体的食材不要直接放入冷冻保存袋，而是要先用保鲜膜包好再放入袋子。

小妙招 151 [分类料理] 咖喱或炖菜类中的土豆，要压碎后冷冻

加热煮熟过的土豆，如果原样放入冰箱冷冻，就会失去内部的水分，变得干巴巴的。咖喱或炖菜中的土豆在放入保存袋之前，要先用汤匙背面将其压碎。

小妙招 146 [基本] 薄而平地放置，可以快速冷冻

薄而平地放置

冷冻时让食物薄而平地放置，可以让冷气在内部快速传递，短时间内立即冷冻。此外也可以立起来并排放置，节约冷冻室的空间。

小妙招 149 [基本] 密封容器要用贴纸标上冷冻日期

冷冻食品的保存期限，加热过的食物约为一个月，生鲜食品约为两周。将保存日期贴在容器上就知道是哪一天冷冻的了，非常方便。使用贴纸，撕下时可以不留痕迹。

小妙招 152 [分类料理] 冷冻意大利面可以作为饥饿时的救急便当

剩下的意大利面或铁板炒面，可以整个放入保存袋冷冻起来。这道菜可以用微波炉解冻，加热后立即就能食用，可以当作饿的时候填饱肚子的食物。分成小份冷冻，放入便当也不错！

料理步骤

小妙招掌握度测试

苦恼时的补救小妙招

肉类

鱼类

鸡蛋・乳制品・大豆制品

野菜・白薯

蘑菇・海藻・水果

主食

饮料

小妙招 153 [分类料理] 冷冻食品的托盘用于冷冻羊栖菜、小作料等非常便利

装可乐饼等冷冻食品用的托盘，可以用作分成小份冷冻的容器再次利用。用保鲜膜包起来，每份是一餐的分量，非常方便！

小妙招 154 [分类料理] 饺子要一个个单独冷冻，无需解冻就可以直接烹调

饺子包得太多，直接一起冷冻，再次食用时非常不便。在金属托盘中并排摆放，中间留出一定间隔，等到完全冷冻后再放入保存袋。吃的时候不用解冻，可以直接烹调，做出美味的饺子。

小妙招 155 [分类料理] 卷心菜卷是一种便利食材，沥干水分冷冻保存即可

卷心菜卷可以用关东煮料汁、番茄酱汁、奶油炖菜汁等进行烹饪，是一种可以做出各式各样美味的便利食材。卷好的卷心菜卷放在厨房纸上吸干水分，分别包上保鲜膜后装入保存袋，放进冰箱冷冻保存。需要的时候直接取出，无需解冻。

小妙招 156 [分类料理] 可乐饼、炸鸡块中的油是氧化的根源，将油控出后再冷冻

如果不将炸物中的油彻底控出，就会成为氧化的根源，导致味道变差。用厨房纸将食物包好，轻轻用手压，将油尽可能地吸干后再冷冻。接触空气会导致氧化加速，所以要用保鲜膜包好，将空气排出再放入冷冻用的保存袋中。

小妙招 157 [分类料理] 处理炖肉时要将肉和汤汁分开冷冻

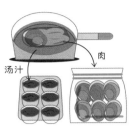

将肉和炖肉的汤汁分成小份，放入冷冻用的保存袋。剩下的汤汁也可以放入鸡蛋格或制冰格中冷冻，用作其他料理的汤底。

小妙招 158 [分类料理] 处理米饭只要简单加工！做成炒饭、饭团冷冻起来

剩下的米饭直接冷冻虽然也不错，做成有馅的饭团再冷冻，当作早饭或放入便当都非常方便。做些简单地加工，变成炒饭再冷冻也不错。直接放入微波炉，解冻和加热可以同时完成，立即就能食用，可以当作一道不错的方便轻食。

小妙招 159 [分类料理] 只要将烤鱼用保鲜膜仔细包好，就可以冷冻了！

鱼不仅可以直接冷冻，烤过之后整个冷冻也可以。鱼中的油容易导致氧化，要尽量避免接触空气，可以用保鲜膜包好后再冷冻。吃的时候只要放入微波炉加热就可以，也可以解冻后再次烧烤，就能还原美味。

小妙招 160 [分类料理] 吃了一半的烤鱼，也可以分成小份，变身成便利的食材

已经动过筷子的烤鱼，可以将鱼骨剔除，将鱼肉分成几份，用保鲜膜包好冷冻起来。

直接加热就可以变成一道美味料理，当作炒饭或饭团的馅料也可以，用生姜、大叶切丝与米饭混合在一起也很好吃。

小妙招 161 [分类料理] 不能冷冻的菜：萝卜厚切片、豆腐、魔芋

萝卜的厚切片冷冻后会失去水分，口感变得干巴巴的。此外，含有魔芋、豆腐的菜也不能冷冻，这些食物会收缩变硬，使味道和口感变差，冷冻前将这几种食物挑出去，或者在做菜时就考虑到需要冷冻，不放这几样。

小妙招 162 [分类料理] 收到的奶油草莓蛋糕也可以冷冻

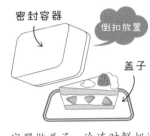

密封容器

倒扣放置

盖子

冷冻时，将有一定高度的密封盒倒扣，把蛋糕放在盖子上，用容器做盖子。冷冻时鲜奶油容易染上冰箱里的冷冻味，要尽快食用。

小妙招 163 [解冻] 含油较多的料理，解冻后就要转移到耐热的容器中

咖喱、浓汤等含油较多的料理，放入微波炉加热时要特别注意。如果直接加热冷冻用的保存袋或密封容器，油的温度升高，很可能超过容器耐热范围。解冻完成后转移到耐热容器中，混合均匀后用保鲜膜包好，再放入微波炉加热。

小妙招 164 [解冻] 炸物解冻后用面包炉或烤架烤过后更美味！

炸鸡块、可乐饼等炸物用保鲜膜包上，放入微波炉解冻，其中的水蒸气和油会让食物变得湿嗒嗒的。不盖保鲜膜，用微波炉加热至解冻，再放在面包炉或烤架上稍微烤一下，就能还原酥脆的口感。

19

料理步骤

小妙招掌握度测试

苦恼时的补救小妙招

肉类

鱼类

鸡蛋·乳制品·大豆制品

蔬菜·白薯

蘑菇·海藻·水果

主食

再次料理

如果有剩菜，
只需简单步骤即可再次料理！
一道菜可以多次享用

小妙招 165 [主菜] 南瓜煮物、奶汁烤菜、烤奶酪可以变身为浓汤！

南瓜煮物指的是调好味道的煮南瓜。直接加到奶汁烤菜中，就变成了南瓜奶油烤菜。放入耐热容器，再加入黄油和刨丝奶酪，在面包炉中烤，就成了烤奶酪。将汤汁和牛奶一起放入搅拌机，不用加任何调味料，就成了南瓜奶油浓汤。

小妙招 166 [主菜] 今天又吃剩下的咖喱？不，今天吃咖喱烤菜

将咖喱捣碎放入耐热容器中，表面撒上面包糠。将煮鸡蛋切碎，撒上西芹叶，放入烤箱，咖喱烤菜就完成了。

煮鸡蛋碎

面包粉

香菜碎

小妙招 167 [主菜] 比白酱味道更好！用吃剩的奶油炖菜做多利亚饭

在烤菜用的烤碗中涂上黄油，盛满一碗饭，浇上奶油炖菜，满满地盖上烤比萨用的奶酪。如果想要撒粉状奶酪，要等到烤至变成焦黄色的时候。将白米饭换成蒜香饭、把奶油炖菜换成炖牛肉也很好吃。

小妙招 168 [主食] 剩下的土豆炖肉可以再加工做挂面、蛋包饭

将土豆炖肉里的菜切碎，做蛋包饭的馅料最合适不过，和风的味道和米饭很搭。剩下挂面的时候，可以和鸡蛋混合，让蛋包饭的量更加丰富。挂面和各种食材都能搭配，还能尝到和普通蛋包饭不同的热乎乎、软绵绵的口感。

小妙招 169 [主菜] 使用和风炖鸡肉制作咖喱

如果炖鸡肉剩下了，可以直接当作咖喱的食材使用。将炖鸡肉和汤汁一起放入锅中，加入水和咖喱粉稍微煮一会儿就完成了！健康的根菜类咖喱就做好了。和风汤底的风味，加上根菜类爽脆的口感，简直想为了再吃一顿咖喱而炖一锅鸡肉了！一定要试一试哦！

小妙招 170 [主菜] 用前一天的关东煮制作酥脆的天妇罗

如果剩下的关东煮已经吃腻了，把它做成天妇罗怎么样？先去除其中的水分避免溅油，然后切成适合一口的大小，裹上炸粉，下锅油炸即可。因为关东煮本身已经非常入味，不用蘸料也已经很好吃了。如果再加上绿色、黄色蔬菜就更好了。

小妙招 171 [主菜] 天妇罗的炸粉如果剩下了，可以趁油还热的时候做炸天妇罗屑

漏勺

剩下的天妇罗炸粉可以放在漏勺里，直接在油锅中油炸捞起。不但可以放在荞麦面、乌冬面中，用在沙拉、御好烧里味道也不错。

小妙招 172 [主菜] 为生鱼片垫底的萝卜可以变身口感爽脆的炸萝卜

作为生鱼片配菜的白萝卜，下锅油炸后会有爽脆的口感，成为一道令人欣喜的小菜。

将萝卜裹上天妇罗的炸粉，用筷子夹起适当的分量，下入油锅。入锅后会迅速散开，用筷子将形状整理好即可。配上小沙丁鱼和小樱虾等就成了一道出色的主菜。

小妙招 173 [主食] 用炸鸡做炒饭的材料也是绝妙至极！

圣诞节、家庭派对时总是会不小心买多的炸鸡，作为炒饭的材料可以再利用。将鸡肉带皮去骨，切成1～2厘米大小，代替肉放入饭里，就成了香喷喷的炒饭。皮和鸡肉油中的香料会自然溢出，只需放少许的调料和油即可。

小妙招 174 [主食] 做了太多羊栖菜，可以稍作加工变为羊栖菜焖饭

如果羊栖菜剩下了，稍作加工就可以做成美味的羊栖菜焖饭。将淘好的米放入电饭锅，加入羊栖菜和炖菜时的汤汁，按照刻度加好水，之后与做普通白米饭进行同样的步骤即可。

如果炖菜汁的量比较少，可以加入酱油和酒各两大匙再焖饭。

小妙招 175 [主食] 剩下的汉堡肉可以做意大利肉酱面

汉堡排做得太多剩下的时候，第二天一定要做意大利肉酱面！只需在平底锅里加入少许油烧热，然后放入剩下的汉堡肉，用木铲将其弄碎，加入番茄酱搅拌均匀即可。番茄酱微热后，与意大利面充分融合后味道更好。

小妙招 176 ［主食］ 吃完寿喜烧，第二天加入鸡蛋就成了绝妙的寿喜烧盖饭

将吃剩的寿喜烧放置一晚，烤豆腐、魔芋丝等会更加入味。但直接吃的话菜的样子不太好看，可以把它变身为寿喜烧盖饭。稍微煮一下之后，放入蛋液，等到鸡蛋成为半熟状态时，盖在米饭上就完成了。肉的香味和寿喜烧的汤汁浸到饭里，非常美味。

小妙招 177 ［配菜］ 有了松前渍和白菜，片刻之间就能做出美味的腌菜！

松前渍（源自北海道的腌菜，一般含有海带、胡萝卜、鱿鱼等。——译注）里的海带、鱿鱼干中的味道，可以用来做美味的腌白菜。将白菜切成大块，加些盐放入食品袋混合均匀，让白菜中的水分析出。再加入松前渍大约 30 分钟混合完成，加盐的量可以根据松前渍的味道调整。

小妙招 178 ［配菜］ 受潮味道变淡的海苔，做成佃煮会非常好吃！

用小火让其水分充分挥发进行炖煮，达到自己喜好的软硬程度后关火，放入用开水消毒过的瓶中装好。

小妙招 179 ［配菜］ 发挥醋拌章鱼本身的味道，简单地完成一道"风景画"

醋拌章鱼意外地和凉拌菜调味汁非常搭，将番茄和洋葱切成小块，把章鱼切成一口大小，与和风拌菜汁混合，最后把切碎的香菜叶随意撒在上面。章鱼和番茄的红与绿色相映，色彩也很漂亮。

小妙招 180 ［汤类］ 香味四溢的炸薯条变身土豆浓汤

炸薯条加些牛奶放入搅拌机打碎，加热后调味就可以变身土豆浓汤，将薯条放入面包炉烤过后香味会更加浓郁！

小妙招 181 ［汤类］ 肉馅白菜卷的汤汁，可以做成最适合早餐的汤

肉馅白菜卷的汤汁里有白菜、肉馅析出的美味成分，如果把剩下的汤汁倒掉实在太浪费了。加入胡萝卜、白菜和培根等食材。作为早餐的配汤最适合不过了。如果味道有些淡，也可以加一些浓汤宝调味。

小妙招 182 ［零食］ 最适合做成零食！用面包炉做面包干

做完三明治后剩下的面包边，可以做成脆脆的面包干。将面包边放入烤炉中稍微烤一下，让水分挥发，放入融化的黄油中，沾上细细切碎的杏仁片，在炉中烤至绵白糖彻底融化即可。

小妙招 183 ［零食］ 煮芋头可以变身孩子们最喜欢的香芋饼！

将煮芋头放入食品袋中压碎，加入淀粉充分混合，整理成 3 厘米左右的小饼。在表面裹上淀粉，放入黄油充分融化加热的平底锅，把两面煎熟，美味的香芋饼就完成了。多放些淀粉，口感会更加软糯，可以根据自己的喜好添加。

小妙招 184 ［零食］ 变硬的面包可以轻松变身面包布丁

面包布丁的做法：将面包切成一口大小放入耐热容器中装满，接下来把牛奶、鸡蛋、砂糖、香草香精混合，搅拌成蛋液。将蛋液倒入面包中放置 30 分钟左右。放入预热过的烤箱烤制，蛋液凝固后满满地撒上细砂糖就完成了！烤制之前将苹果和香蕉切条放上，也会很美味哦。

小妙招 185 ［零食］ 用土豆沙拉做猪肉卷和德式烧土豆

土豆沙拉容易变质，需要加热后进行再料理。将猪肉切薄片裹上面粉，把土豆沙拉卷进去，用平底锅炒过之后就成了猪肉土豆卷。在平底锅中加入大蒜、培根和土豆沙拉一起翻炒，就成了德式烧土豆。

小妙招 186 ［零食］ 用饺子皮轻松做出口感香脆美味的零食

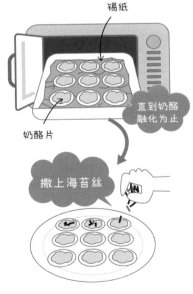

剩下的饺子皮，要趁变干之前再料理。在烤架上铺好锡纸，在饺子皮上稍撒些面粉，单面烤制。翻面之后放上奶酪条，再次放入烤箱。脆脆的口感让它成为美味的零食。再撒上切细的海苔丝就更好了。

料理步骤

小妙招掌握度测试

苦恼时的补救小妙招

肉类

鱼类

鸡蛋·乳制品·大豆制品

蔬菜·白薯

蘑菇·海藻·水果

主食

饮料

❋ 做便当 ❋

把剩菜做成便当的时候，不能留有汤汁，调味要稍微重一些。步骤简单、能轻松地做好也很重要。

小妙招 187 [简便] 剩下了一点咖喱，和饭混合就成了咖喱饭团

和米饭混合后，咖喱的汤汁也就不要紧了。把海苔做成表情，用保鲜膜包好，便当的可爱程度也瞬间提升！

小妙招 188 [简便] 切碎的炸什锦加在米饭中，变身天妇罗饭团

炸什锦可以丰富便当的口感，做成饭团非常适宜。将炸什锦切碎，再往饭中放些盐即可。酥脆的天妇罗外衣增加了便当的层次感。如果外衣变软不脆了，切碎前可放入烤箱烤一下，口感即可恢复。

小妙招 189 [简便] 孩子们很喜欢的圆圆的饭团可乐饼

如果鸡肉饭剩下了，不妨给它换个样子，变成饭团可乐饼。将鸡肉饭滚成3厘米左右的球型，与炸猪排、可乐饼的步骤相同，按照面粉→蛋液→面包粉的顺序裹上外衣，放入油温170度的锅中炸。因为内部已经是熟的，只要外衣炸好后即可出锅。

小妙招 190 [简便] 蟹肉沙拉加上比萨用的奶酪，做成一口大小的奶酪焗饭

将蟹肉沙拉放入锡纸杯，撒上比萨用的奶酪，放入烤箱，就做成了最适合放在便当里的奶酪焗饭。因为有了蟹肉沙拉的味道，就不用加调味料了。如果想再丰富一些，将煮熟的西蓝花、花菜切碎，加入蟹肉沙拉中即可。

小妙招 191 [简便] 肉酱与黄豆罐头可以做成肉酱炖黄豆

肉酱中加入同等分量的番茄汁和适量砂糖，加入黄豆罐头后转成中火。煮沸后转小火，焖煮至汤汁黏稠就完成了。如果用番茄酱代替番茄汁，减少一些糖的分量即可。用混合蔬菜罐头代替黄豆也不错。

小妙招 192 [简便] 汤汁较多的菜，可以用锡纸碗＋奶酪片盖住密封

将咖喱和麻婆豆腐等放入便当时，为了汤汁不漏，可以用奶酪作盖子。将菜放入锡纸碗，在烤箱中烤至奶酪融化即可。吃的时候把奶酪与菜搅拌在一起，就能尝到富于变化的味道。

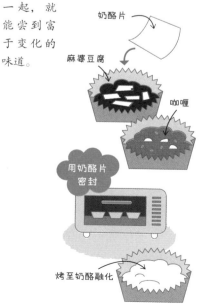

奶酪片

麻婆豆腐

咖喱

用奶酪片密封

烤至奶酪融化

小妙招 193 [简便] 让基本款的炸鸡块变身炸鸡番茄意大利面

炸鸡块是便当菜的基本款，但总是没有变花样直接放进去，容易吃腻。这时将炸鸡块切成一口大小，再将洋葱切碎，倒入番茄酱一起翻炒。按照自己的喜好加入辣酱油、蛋黄酱，味道较重，最适合当作便当菜。

小妙招 194 [简便] 变软的炸薯条变身培根卷！

吃剩下的炸薯条，稍作加工就可以成为便当中的小菜。将长度适当的培根卷上2～3根薯条，用牙签固定，用厨房纸包住。之后放进盘子在微波炉中加热约3分钟，培根中的香味与土豆融合，变身培根土豆卷，即使放冷也很好吃！

小妙招 195 [简便] 土豆沙拉＋竹轮天妇罗，想要节约时的好选择！

将土豆沙拉放入便当时，为避免变质需要加热。先将竹轮纵向切为两半放在土豆沙拉上，裹上天妇罗炸粉。炸好后切为一口大小，就成了一道恰到好处的便当菜。在炸粉中混合咖喱粉、海苔碎，可以使味道变得更丰富。

小妙招 196 [简便] 凉拌菠菜与培根一起翻炒，可以做便当菜

凉拌菠菜放置时间长了容易析出水分，不适合做便当。和培根一起翻炒，加入胡椒调味，就可以成为适合便当的一道料理。先单炒培根，就不用额外放油了。因为菠菜已经是煮熟的，只要稍微翻炒即可。

料理步骤

小妙招掌握度测试

苦恼时的补救小妙招

肉类

鱼类

鸡蛋·乳制品·大豆制品

野菜·白薯

蘑菇·海藻·水果

主食

饮料

小妙招 197 ［简便］ 不需要调味的简单小菜！牛蒡丝变身肉卷和牛蒡沙拉

牛蒡丝直接放入便当就很好吃，偶尔想来点花样，做成肉卷也很简单。将猪五花肉切成薄片，卷起牛蒡丝，用牙签固定，在平底锅煎一下即可。此外，在牛蒡丝里加上蛋黄酱，简单的"牛蒡沙拉"就完成了。

小妙招 198 ［简便］ 无论什么鱼都可以变美味！将生鱼片做成"龙田炸"和炸紫苏卷

如果剩下了生鱼片，再次料理的前一晚要将生鱼片用酱油腌过，第二天早上裹上淀粉，在锅中多放些油来炸，就做成一道味道浓郁、适合做便当菜的"龙田炸"。如果用紫苏叶卷上，按照面粉→蛋液→面包粉的顺序裹上外衣，采用与炸猪排一样的步骤，就可以做成一道适合放入便当的"炸紫苏卷"。

小妙招 199 ［简便］ 将已经入味的煮芋头，切成两半后做成炸芋头

纵向切两半

裹上淀粉

油温 180 度 3~4 分钟

裹上淀粉下锅油炸。外皮酥脆，内部绵软的炸芋头就做好了。

小妙招 200 ［简便］ 鸡蛋是再次料理的杀手锏。无论什么菜都可以作为鸡蛋烧的材料

鸡蛋会将食材的形状和味道同时融合，是再次料理的绝佳武器。羊栖菜与萝卜干的炖菜、炒豆腐渣、意大利面等菜如果剩下了，将水分控干后都可以作为鸡蛋烧的材料。不仅让菜量更丰富，菜中的美味也能得到充分发挥。

小妙招 201 ［简便］ 将炖竹笋切丝，做成炸笋丝

炖竹笋中饱含汤汁，炸制后也会非常美味。将竹笋切成 5 毫米粗细的笋丝，与炸猪排一样裹上炸粉，放入油温 170 度的锅中炸。直接吃就很可口了，如果在便当中放上小袋装的酱汁，吃的时候打开浇上，又能享受不一样的味道。

小妙招 202 ［简便］ 用皮将汤汁锁住！剩下的炒蔬菜可以作为春卷的材料

炒蔬菜中容易析出水分，如果做成春卷就能把汤汁锁在当中了！卷春卷皮之前，先加些水淀粉重新稍加翻炒，就能更容易锁住水分。包上皮后，再用水淀粉把春卷边粘住，放入 170 度的油中油炸。如果是放在便当里，就不用切开，直接放入一根即可。

小妙招 203 ［加工下］ 冷冻汉堡排稍作加工就可以变身酥酥脆脆的炸肉饼！

冷冻起来的汉堡肉排裹上炸粉，就能变身炸肉饼！

做法是将汉堡排解冻，先撒上炸粉，再裹上鸡蛋液和面包粉。之后下锅油炸，外皮酥脆口感极佳的炸肉饼就做好了。因为内部已经是熟的肉饼，炸至外皮变为浅棕色即可。

小妙招 204 ［加工下］ 冷冻奶酪焗饭裹上炸粉油炸，变身奶酪可乐饼

奶酪焗饭剩下后，整理成一口大小的丸子形状，用保鲜膜包上。

直接解冻就可以成为一道便当菜，不解冻直接下锅油炸，就能变身奶酪可乐饼。

小妙招 205 ［加工下］ 把炒豆渣重新料理，变成健康版可乐饼

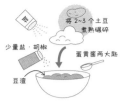

将 2~3 个土豆煮熟碾碎

少量盐·胡椒

蛋黄酱两大匙

豆渣

将左图中材料充分混合，整理好形状，裹上炸粉下锅。也可以用土豆泥代替煮熟压碎的土豆（见小妙招 830）。

小妙招 206 ［加工下］ 剩下的炸猪排加番茄炖煮，便成口感清爽的一道菜

盐

番茄酱

炒洋葱

将洋葱炒至变软，放上一人份的炸猪排，在上面撒上调味料。注意不要让平底锅烧焦，将锅适当转动，直至汤汁收干即可。

小妙招 207 ［加工下］ 用剩下的饺子，加入番茄酱做番茄炖饺

如果饺子只剩下两三个，可以代替意式饺子做成番茄炖饺。在平底锅中放些橄榄油烧热，再放入番茄酱。将粉状的浓汤宝和胡椒盐当作调味料，加热至汤汁收干。如果不喜欢太甜的味道，可以用番茄罐头代替番茄酱。

小妙招 208 ［加工下］ 为烧卖准备的馅剩下了，可以加工成炸茄盒

为烧卖准备的馅可以方便地变为炒饭、可乐饼的原料，要放在便当里，推荐做成肉馅炸茄盒。把茄子切成 5 毫米厚的圆形切片，将中间用刀划开，把肉馅夹在当中，裹上炸粉下油锅即可。用天妇罗炸粉、鸡块炸粉都会很好吃。

料理步骤

小妙招掌握度测试

苦恼时的补救小妙招

肉类

鱼类

鸡蛋・乳制品・大豆制品

蔬菜・白薯

蘑菇・海藻・水果

主食

饮料

可以提高效率的收纳法

put away

必需的物品随时都可以立刻取出，
按照功能需求整理厨房，
做起菜来更加轻松开心！

厨房收纳

燃气灶下和水槽下方的收纳，
要充分利用橱柜深度和
高度进行收纳。

小妙招 211 [厨房收纳] 水槽下和炉灶下收纳零碎物品可以使用衣物箱

水槽下方和炉灶下方的收纳空间具有相当的深度，用铁网做的架子不适合放小件物品，这时可以灵活运用衣物箱。如果是抽屉式的，内部的东西可以轻松取出，也不用害怕水槽下的湿气了。

小妙招 214 [厨房收纳] 将顶柜的下层做成抽屉式收纳，有效利用深处空间

可以把（日元）百元店卖的塑料收纳盒作为收纳抽屉，如果是带拉手的盒子就更方便了。在灵活运用空间的同时，不用踮起脚就能拉出收纳盒，里面放了什么也一目了然。但注意不要放入太重或容易破碎的物品。

小妙招 209 [厨房收纳] 水槽下放与"水"相关、炉灶下放与"火"相关的物品

厨房收纳的原则是"放在离使用处近的地方"。水槽下放滤篮、碗、罐子等使用时需要用水的物品。水槽下湿气重，不适宜保存食品。炉灶下面放锅和平底锅等需要用火的物品，酱油、味淋、炸油和调味料也可以放在这里。

小妙招 212 [厨房收纳] 具有一定深度的抽屉，要灵活运用收纳筐，采用双层收纳法

近来家庭中多数采用整体厨房，橱柜抽屉具备一定高度。调味料、油瓶垂直放后上方还会剩余一些空间，这时可以使用较浅的收纳筐将重量较轻的袋装食材等放入，在瓶子上方创造出双层收纳的位置。将收纳筐提起，就能轻松取出下方物品。

小妙招 215 [厨房收纳] 顶柜较低的位置，可以当作专用于放置常用的餐具

顶柜的下层与视线的高度差不多，推荐用于收纳常用的餐具。盛饭的时候，就无需去碗柜取餐具了，清洗过的碗盘也可以直接收好。在这里放置过多的餐具使用起来会不方便，将平时不常用的餐具放入碗柜，无论取出还是放入都很轻松。

小妙招 210 [厨房收纳] 拉门式的水槽下或炉灶下，可以用铁网做架子

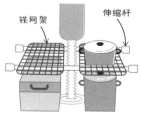

铁网架　伸缩杆

确认伸缩杆的长度和负重是否能承得住物品重量。铁网可以用钳子裁剪成合适的大小。

小妙招 213 [厨房收纳] 季节性较强、使用机会少的物品，放在顶柜的上层

顶柜上层的收纳空间，即使踮脚伸手也够不到，可以用来放使用机会较少的物品。砂锅、电炉、刨冰机、开派对用的大碗、做蛋糕用的工具等，不必和其他工具放在一起，放置在顶柜的最上层，让厨房空间得到最有效的利用。

小妙招 216 [厨房收纳] 顶柜下方安装两根毛巾杆，清洁地将切菜板收纳起来

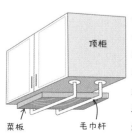

顶柜

菜板　毛巾杆

将两根相同的毛巾杆平行安装在顶柜上，有利于通风干燥、清洁卫生地将切菜板收纳起来。

小妙招 217 [厨房收纳] 将喜欢的平底锅、长柄锅挂起来，使用"看得见的收纳法"！

设计独特漂亮的平底锅、长柄锅，可以学习咖啡馆的悬挂收纳法，不仅取用方便，还更节约空间！在油烟机的金属框上挂上S钩，就可以挂平底锅或长柄锅，在炉灶旁的不锈钢墙面上粘上强力吸盘也可以用来悬挂物品。

小妙招 221 [厨房收纳] 调味料、食用油要放在托盘上再放进橱柜

塑料托盘

炉灶下面收纳调味料、食用油等瓶装物品时，先放在塑料制托盘上，使用时拉出

非常便利，也不用担心液体洒出。

小妙招 225 [工具整理] 如果将厨房工具悬挂放置，放在使用处最方便

经常使用的厨房工具，挂在墙上伸手就可以够到的地方最方便。在炉灶和切菜处之间悬挂汤勺、削皮刀、量勺等料理工具，使用时轻松拿取。

小妙招 218 [厨房收纳] 取出放入都很顺畅！用文件篮纵向收纳平底锅

每天都要使用的平底锅，取出放入都要尽量方便，收纳时尽量不摞在一起。使用百元店卖的立式A4文件篮进行收纳，就能顺畅地取出放入。对于平时不常用的锅，将锅盖取下，按照大小顺序叠放，可以节省空间。

小妙招 222 [厨房收纳] 有小孩的家庭，要把菜刀放置在安全的地方

小孩子总是充满好奇心。即便叮嘱了"菜刀很危险！"也难免孩子在不注意时拿菜刀玩耍，受伤的情况也时而有之。可以把菜刀放入带锁的抽屉里，如果水槽下的空间是柜式收纳，可以选择购买能将柜门上锁的商品，防止孩子们的恶作剧。

小妙招 226 [工具整理] 用易拿的马克杯收纳厨房用具

比起专用的厨房收纳桶，用大号的马克杯收纳厨房工具，拿起来更方便。马克杯有一定重量不容易倾倒，有把手可以将工具一起挪动也很便利。可以将水槽周围使用、炉灶周围使用的工具分开摆放。

小妙招 219 [厨房收纳] 不方便取放的锅盖可以用毛巾杆巧妙收纳

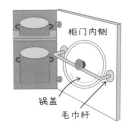

柜门内侧

锅盖

毛巾杆

在水槽、炉灶下方的柜门内侧安装毛巾杆，就可以做成插取式锅盖收纳。用来挂

清扫工具也很方便。

小妙招 223 [厨房收纳] 随时轻松取用！可以当作纸巾盒使用的塑料袋收纳

便利店的塑料袋用来装一些小垃圾非常方便，要做到随时轻松取用，可以在水槽下的橱柜门里侧设置一个空盒子，用双面胶粘上，将塑料袋放入。如果有空间的话，可以放两个小盒子，将大号和小号垃圾袋分别放置。

小妙招 227 [工具整理] 推荐悬挂法！用铁架网将整面墙利用起来

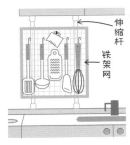

伸缩杆

铁架网

在顶柜和切菜台面中装上伸缩杆，把铁架网固定在伸缩杆之间即可。

小妙招 220 [厨房收纳] 使用频率较低的锅，用浴帽与油烟彻底隔离！

砂锅、高压锅等使用频率不太高的锅，如果直接收纳在橱柜中，厨房中漂浮的细小油滴就会沾上去。为了避免这种情况，可以用浴帽罩在锅上，使用时取下也很便利。面包机、捣年糕桶也可以用这个方法妥善保存。

小妙招 224 [工具整理] 放置厨房工具的抽屉，按照使用频率整理

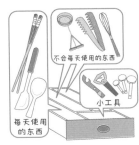

不会每天使用的东西

小工具

每天使用的东西

使用大型杂货卖场出售的分隔板整理厨房工具，注意不要放入过多导致空间局促。

小妙招 228 [工具整理] 缝隙也可以灵活运用！利用伸缩杆进行悬挂收纳

顶柜和冰箱之间的缝隙，只要是能放入伸缩杆的位置，都可以作为悬挂收纳的空间利用起来。用S钩就可以悬挂工具了，如果加上铁架网，再挂上S钩，悬挂位置就更加充足了。注意确认伸缩杆的长度和承重能力。

料理步骤

小妙招掌握度测试

苦恼时的补救小妙招

肉类

鱼类

鸡蛋·乳制品·大豆制品

蔬菜·白薯

蘑菇·海藻·水果

主食

饮料

冰箱收纳

找食物时一直开着冰箱门很费电，要立即取出所需物品，只要费点小心思就好。

小妙招 229 ［冰箱冷藏室］ 冰箱收纳的准则："冷藏室留有富余空间，冷冻室紧密排列"

如果冷藏室中的食品排列得过于紧密，其中的冷气就无法流通，使降温效果不均。将食品之间隔一段距离摆放，保持冷藏室中的空间占用七成左右较为适宜。但冷冻室内采用紧密排列，食品靠近可以使保冷效果增强，空间占用九成较为适宜。

小妙招 230 ［冰箱冷藏室］ 冷藏室的置物架按照保质期排列，避免浪费食物

即便格外注意，也难免有忘记保质期限，导致浪费食物的时候。将保质期限临近的食物放在与视线平齐的位置，每次打开冰箱门都能看到，就不容易忘记了。冰箱最上层的位置不容易看到，可以放置保质期较长的食品。

小妙招 231 ［冰箱冷藏室］ 用百元店购买的文件篮将冰箱内部空间充分利用

物品一目了然

文件篮

用文件篮做抽屉，可以充分利用冰箱深处的空间。使用前部开口低的篮筐，既能看得清楚，又可以轻松放入取出物品。

小妙招 232 ［冰箱冷藏室］ 保存食品的密封容器，要将同样大小的摆放在一起

密封食品保存盒的大小各异，如果不整理冷藏室，使用的时候就很麻烦。按照大小将密封容器分为 2～3 类，码放整齐，既可以节省空间，找起来也很方便。

小妙招 233 ［冰箱冷藏室］ 用匚形支架将冷藏室内的每一个角落利用起来

冷藏室内的置物架间隔较大，放入物品后上层常常会剩余一定空间，可以用匚形支架将空间分为上下两部分。

百元店有多种匚形支架可供选择，用钳子弯折铁架网，自己制作大小高度合适的匚形支架也不错。

小妙招 234 ［冰箱冷藏室］ 每天早上都要使用的东西可以整合成为"早餐套餐"

每次早餐都要从冷藏室取出的东西，可以整理好放入塑料制的篮筐，做成"早餐套餐"。果酱、黄油、奶酪、酸奶等放在一起，就是"西式套餐"；佃煮、梅干、海苔碎等放在一起就是"日式套餐"。

小妙招 235 ［冰箱冷藏室］ 将奶酪、黄油等容易干燥的小物品放入抽屉式的收纳箱

抽屉式收纳箱

黄油

青芥末

奶酪

cheese

如果将奶酪、黄油等直接放入冰箱，容易变干，可以用抽屉式的整理箱来收纳。用它来放小袋装和管状的调料也很方便。

小妙招 236 ［冰箱冷藏室］ 袋装食品利用书挡进行立式收纳！袋口用票据夹封好

袋装的食品难以整理收拾，可以采用立式收纳。在冰箱门储物盒里放入迷你书挡，袋子就不会倒下了。已经打开过的食品，要将袋中空气挤出，把开口处折两折，用整理文件的票据夹封口。

小妙招 237 ［冰箱冷藏室］ 小号的管状物品可以用笔筒收纳

膏状的青芥末和唐辛子等小号管状调味料，放进冰箱里经常容易找不到。为了使用时能立即取出，可以在冰箱门的储物盒里放上笔筒，将管状物品收纳到一起。将管口朝下放置，笔筒就不容易倾倒。

小妙招 238 ［冰箱冷藏室］ 不容易倾倒！用塑料瓶做防倒架

将蛋黄酱、番茄酱的瓶口朝下放置，使用时更容易挤出。虽然市面上也有专用的防倒架，但也可以自己制作：将 2 升的方形塑料瓶切成两截，下半部做成防倒架，大小放在冰箱门上正合适。既便于收纳，又可以避免调味料倾倒，如果有液体漏出，打扫起来也很方便。

小妙招 239 ［冰箱冷藏室］ 利用电视的旋转台，冰箱深处的东西也可以轻松取出

小号的瓶瓶罐罐

旋转台

旋转台选用百元店卖的就足够了。将瓶瓶罐罐摆好，轻轻旋转就可以取出冰箱深处的东西，推荐使用在不方便拿取物品的冰箱最上层。

小妙招 240 ［冰箱蔬菜盒］ 大容量的蔬菜盒要分区整理

蔬菜盒的空间太大，直接将蔬菜放入，各类菜之间相互挤压容易受损，也不容易取出。

此时可以使用具有一定深度的大号塑料箱，将空间分成 2～3 份，一下就可以使整理工作变轻松，蔬菜之间也不容易互相挤压了。

小妙招 241 ［冰箱蔬菜盒］ 用伸缩杆和文件盒将蔬菜盒分为上下两端收纳

文件盒
伸缩杆

将较重的蔬菜放在下面，较小的蔬菜放在上面。放置伸缩杆时要尽量隔一段距离，这样物品更容易取出。

小妙招 242 ［冰箱蔬菜盒］ 分多次使用的小蔬菜，用密封容器收纳到一起

剩下的半根胡萝卜、备用的生姜等，要将切口用保鲜膜包好后，用大号的密封容器集中收纳。既能防止干燥，做菜之前也可先确认容器内容，避免忘记某种配料。在密封容器的底部垫上厨房纸，不时更换一下，保持卫生。

小妙招 243 ［冰箱蔬菜盒］ 长条形的蔬菜、叶菜用塑料瓶立起来保存

大葱、牛蒡等长条形的蔬菜，菠菜等叶菜，立起来保存更容易拿取，也可以节约空间。用 2 升的塑料瓶最方便，将瓶子上部剪掉，放入蔬菜盒即可。竖直放置时，将牛蒡的根部朝下，可以更持久保鲜。

小妙招 244 ［冰箱蔬菜盒］ 塑料瓶、大号调味料瓶应放入蔬菜盒，而非冷藏室

如果冷藏室内放入了过多东西，冷却效果会大打折扣。如果蔬菜盒内还有空间，可以将大号的调料瓶、大麦茶、酱油、酱汁等放入蔬菜盒。蔬菜盒的温度更恒定，高度也较充足，放置这些物品更合适。

小妙招 245 ［冰箱冷冻室］ 竖直保存可以解决冷冻室的杂乱问题

整理冷冻室的基本原则，是将同样大小的归类到一起（小妙招 146），采用立式收纳。用书挡将冷冻用的保存袋、冷冻食品的包装立起来收纳，既可以节约空间，找东西的时候也更方便。使用完后用长尾夹将冷冻包装封口。

小妙招 246 ［冰箱冷冻室］ 盒装的冰激凌可以将外包装盒扔掉，用保鲜袋存放

盒中的冰激凌已经吃掉许多，空盒子就浪费了珍贵的冷冻室空间。买来冰激凌，将外包装盒扔掉，如果是冰棍，就放入冷冻保鲜袋，立起来排列整齐保存。如果是盒装的冰激凌，为了防止出现冷冻味，也要放进保鲜袋。

小妙招 247 ［冰箱冷冻室］ 便当用的保冷剂，放入冷冻保鲜袋集中保存

冷冻用保存袋

保冷剂

小号的保冷剂准备 5～6 个备用即可。将其放入冷冻保鲜袋集中保存，还能直接作为大号保冷剂使用。

小妙招 248 ［冰箱外］ 保鲜膜等容易弄丢的物品，粘在冰箱门上！

百元店贩卖的磁性贴剪裁成合适大小，用透明胶贴在冰箱外侧，就可以将保鲜膜、锡纸等物品收纳在冰箱门外侧。使用时立即就能撕下，再粘上去也十分便利。如果使用久了粘性下降，换一块新的磁性贴就好。

小妙招 249 ［冰箱外］ 方便在做菜途中看！在冰箱外贴上烤肉网，变身菜谱架

吸盘式粘钩

烤肉网

用百元店卖的烤肉网，借助桌子边角弯折成型。不用的时候有些碍事，可以收纳起来。

小妙招 250 ［冰箱外］ 用磁性收纳袋，将冰箱门彻底利用起来！

冰箱门是效率最高的收纳空间，推荐使用带磁铁的塑料盒和网袋。不要放太重的东西，收纳一些容易弄丢的笔最方便。在大型家居商店的文具卖场找找看。

小妙招 251 ［冰箱外］ 冰箱上放的东西，要注意避开散热区

冰箱上面、侧面都是散热区，直接放上物品可能会使冷藏效率降低，导致额外电费支出。认真阅读使用说明书，如果是散热区不在顶部的机型，才能放置物品。购买冰箱时也要考虑有效利用顶部空间，选择机型购买。

料理步骤

小妙招掌握度测试

苦恼时的补救小妙招

肉类

鱼类

鸡蛋·乳制品·大豆制品

蔬菜·白薯

蘑菇·海藻·水果

主食

饮料

✳ 碗柜的收纳 ✳

碗柜的收纳要兼顾使用的便利性与美观性，也不要忘记做好地震的对策。

小妙招 252 [最上层] 不只是抗菌防霉！碗柜垫还能应对地震

将碗碟直接放入碗柜，地震时的摇晃会导致碗碟滑落、摔出的情况。为了防止这种情况发生，使用碗柜垫非常有效。如果在意美观性，可以只在摇晃幅度较大的最上层放上垫子，提高安全度。

小妙招 253 [最上层] 最上层的玻璃杯、马克杯等较轻的物品

碗柜的最上层难以够到，伸手摸着寻找的情况较多。如果将较沉的碗碟放入最上层，碗柜的中心偏高，地震时会加强摇晃，容易导致柜体倾倒。因此可以将马克杯、玻璃杯等较轻的物品放在最上层，单手就可以稳稳拿住取下。

小妙招 254 [第二层] 与视线平齐的高度收纳最心爱的碗碟

视线最容易看到的高度，放入心爱的茶具套装、杯子。给收纳留出一定空间，食器摆放起来更好看。

小妙招 255 [第三层] 平时使用率最高的餐具放在最方便拿取的高度，竖直收纳

如果采用叠放，碗碟不容易取出，可以采用碗架竖直收纳。纵向放不进去的盘子，可以用匚形收纳架将空间分为上下两层收纳。

小妙招 256 [最下层] 每天都要使用的碗集中收纳在篮子中，放入最下层

全家的饭碗、汤碗集中收纳，直接拿到桌子或电饭锅旁非常方便。选择不容易发出碰撞声响的藤编篮、布艺篮最合适。

小妙招 257 [隔板下] 将杯子悬挂吊在隔板顶部，下面的空间就能有效利用

在隔板下部贴上强力胶粘钩，就能悬挂放置杯子。下面的空间可以放咖啡杯配套的小碟子。

小妙招 258 [抽屉] 刀叉汤匙按长度、分类，放入抽屉收纳

大型家居商店中出售的抽屉分割板用起来相当便利。将较长的放在里面，较短的放在跟前，就能立即找到想用的餐具。

小妙招 259 [抽屉] 零散的小物，用制冰盒收纳整理

筷子枕、便当用的酱油包、橡皮筋、小夹子等小物，用制冰盒来收纳，需要的东西立即就能找到，清爽整齐！

小妙招 260 [抽屉] 餐巾纸、蕾丝纸巾等可以用透明的文件盒收纳

家庭派对上用来装点的餐巾纸、周末下午茶的聚会上起到画龙点睛作用的蕾丝纸巾，如果叠起来放就太浪费了。用装文件的透明盒收纳，既可以避免出现折痕，挑选花色时也不必取出。

小妙招 261 [柜门内] 将笨重的和客用餐具，放入柜门内收纳

砂锅、大盘、大碗等使用频率较低而且重量沉的餐具，放在橱柜下部的柜门里。取出时较为安全，也不易导致碗柜倾倒。

为客人准备的餐具，如果和平时使用的碗碟放在一起会不方便，也可以收纳在柜门内。

小妙招 262 [柜门内] 不会使用的餐具请妥善处理

橱柜下方的柜门打开的机会较少，参加活动拿到的纪念品、用旧的物品、不常使用的餐具常常堆积于此。如果就这样放着，也一直无法利用，不如一口气处理掉。如果有空余的空间，可以将不常用的碗碟移至碗柜上层，有机会时再次整理。

料理步骤

小妙招掌握度测试

苦恼时的补救小妙招

饮料篇

鸡蛋

鸡蛋·乳制品·大豆制品

蔬菜·白薯

蘑菇·海藻·水果

主食

饮料

check

便利的小妙招，你知道多少？

Technique of cooking

小妙招掌握度测试

如果不知道便利的小妙招，不仅会导致做饭时间变长，做出来的菜也不好吃。
日复一日，积累下来损失真是不小……
这里，我们来检测一下你对这些小妙招的掌握程度吧。

首先试试身手……不知道这12条的人，做饭会很慢！？

Q 冷冻米饭的时候，放凉后包起来就行了？

小妙招 **263**

A 正确的做法是将煮熟的米饭带着热气包起来，再晾凉

趁热将米饭放入保鲜袋，然后再晾凉冷冻才是正确做法。将水蒸气锁住，加热后会恢复刚煮出锅的口感。

Q 生吃的牡蛎和做菜吃的牡蛎，哪一种更新鲜？

小妙招 **264**

A 新鲜程度是一样的。如果用来做炸牡蛎，用做菜吃的味道更好！

生吃的牡蛎用盐水杀过菌，做菜用的牡蛎是将水分控干的。只经过控干处理的牡蛎，保留了鲜味，用这种炸着吃味道更好。

Q 用什么方法才能做出表面光滑的布丁？

小妙招 **265**

A 秘诀在于容器。用小而浅的容器，就能做出表面滑滑的布丁！

用大而深的容器，蒸好所需的时间较长，容易出现皱痕。注意不要蒸得太过火，轻触表面有弹性就做好了。

Q 做山药泥时怎样才不会手痒？

小妙招 **266**

A 处理山药时尽量不用手摸。用勺子剥皮，用塑料袋将山药压成泥

用勺子或削皮刀，比菜刀更方便，不需要用手摸山药，动作也更迅速。之后放入塑料袋敲打即可。

料理步骤

小妙招掌握度测试

苦恼时的补救小妙招

肉类

鱼类

鸡蛋·乳制品·大豆制品

蔬菜·白薯

蘑菇·海藻·水果

主食

饮料

主菜篇 main dish ＊ ＊

测试一下！

在正确选项上画○
在错误选项上画 ×

来检验吧！

为什么是正确的，
为什么是错误的，
下面进行讲解。

A ☐ 用平底锅和普通锅可以做烤牛肉。

B ☐ 微波炉可以做炸鸡块。

C ☐ 炸天妇罗时，用质地厚的平底锅最佳！

D ☐ 涮猪肉时，水烧开后下锅涮，肉质柔软。

E ☐ 做板烧猪肉时，用洋葱、味噌腌过再烤，口感会变硬。

F ☐ 炖猪肉时先用水焯过一遍后再调味，会更好吃。

G ☐ 用白萝卜的切面擦鱼身，可轻松去除鱼鳞。

H ☐ 做照烧鱼时先撒上面粉，更容易裹上酱汁。

I ☐ 冷冻的干货，解冻后不烤就会变得水分太多味道寡淡。

J ☐ 将鸡蛋泡在水中检查新鲜度！新鲜的鸡蛋会浮起来。

K ☐ 用餐具、在水槽边磕鸡蛋的一头，不容易失败。

L ☐ 奶油可乐饼的馅料，加热后更容易成型。

答案在这里！

A	B	C	D	E	F
○	○	○	×	×	○

G	H	I	J	K	L
○	○	×	×	×	×

判定在这里！

回答正确 ◯ 个

＊ 正确 10 个以上
可与大厨媲美！

＊ 正确 6～10 个
一般人！

＊ 正确 5 个以下
见习阶段……

你回答正确了几个？

小妙招 267 [A 正确的原因]
四面烤出烧痕，再用低温煮

很多人认为烤牛肉必须用烤箱才能做，其实用平底锅和普通的锅也能做出绝品的烤牛肉。首先用平底锅将肉的四面烤出烧痕，放入塑料袋封好。用棉线封好，放入约 65 度的水中慢煮即可。

小妙招 268 [B 正确的原因]
使用最新的炸鸡粉

近来用微波炉做炸鸡变得非常简单，连小孩子都能掌握。方法有好几种，最简单的一种是将普通的炸鸡粉换为可以在微波炉中使用的炸鸡粉。只要裹好粉后用保鲜膜包好，用微波炉加热，就能做出毫不逊色于油锅制作的炸鸡了。

小妙招 269 [C 正确的原因]
适合炸天妇罗的是，质地厚的平底锅

质地厚的锅温度变化较小，底部平的锅，油在锅里不易对流，不论用锅的哪个部分，都能炸得均匀一致。

家里的常见的"质地厚、底部平"的锅就是平底锅了。如果有几个平底锅，就选择质地最厚的那个。

小妙招 270 [D 错误的原因]
在沸腾的水中涮肉，肉会变硬

涮猪肉时如果在水沸腾后放入肉片，蛋白质凝固后肯定会变硬。想让肉质柔软、肉汁丰富，可以用 75～80 度的低温，长时间煮熟。与开水涮肉不同，用这种方法做出的肉，颜色呈漂亮的粉红色，一定要试一试哦。

小妙招 271 [E 错误的原因]
蛋白质分解出的酶，可以让肉质变软

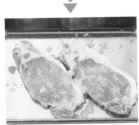

洋葱、味噌中含有能分解蛋白质中酶的成分。即便是板烧猪肉等有一定厚度的肉，用洋葱酱、味噌酱腌制过后再烤也能使肉质变得柔软。

此外，猕猴桃也有同样的成分，将猪肉片浸在压碎的猕猴桃中，会有惊人的效果。

小妙招 272 [F 正确的原因]
将猪肋排中多余的脂肪去掉，可以更美味

许多人大概会认为，如果将生肉过一遍开水，把水倒掉，肉中的鲜味也会流失。但是炖肉中使用的肋排部分脂肪多，还有猪身上特有的臭味，先用开水焯过才是正确做法！将多余油脂去掉后，再用调味料让它入味。

小妙招 273 [G 正确的原因]
用白萝卜的切面擦鱼身，可以去除鱼鳞

用萝卜的切面从尾部开始向鱼头方向擦，萝卜碰到鱼鳞上突出的尖头，轻松就能将其去除。也不用担心出现用刀刮时鱼鳞乱飞的情况

小妙招 274 [H 正确的原因]
裹上一层粉更容易沾上酱汁

做照烧鲫鱼、鲅鱼时，先扑上些面粉再沾酱汁，这样更容易沾上酱汁，让鱼的味道更好。

这个小妙招一般的料理书上不会写，知道的人也不多。但只要这一个秘诀，味道就能瞬间升华，一定要尝试一下。

小妙招 275 [I 错误的原因]
冷冻的干货，在冷冻状态直接烤即可！

冷冻鱼类在解冻后，如果不去除水分直接在火上烤，水分出来后会变得湿湿的味道寡淡。趁尚未解冻的状态直接在烤架上烤就可以了，要用文火慢烤。

小妙招 276 [J 错误的原因]
新鲜的鸡蛋会下沉，变为横向

放陈的鸡蛋会浮在水面，新鲜的鸡蛋会下沉、变为横向。如果处于二者之间的状态（一周左右）会在水中垂直悬浮。如果忘记了是什么时候购买的鸡蛋，用这个方法可以快速辨别。

小妙招 277 [K 错误的原因]
磕鸡蛋头更容易失败

打蛋的时候如果磕鸡蛋的一头，即便动作很轻，磕出的裂缝也会很大。裂缝太大，蛋黄被破坏，容易将破掉的蛋壳掉进去。打鸡蛋的正确方法是轻磕蛋身的部分。

小妙招 278 [L 错误的原因]
冷却后更容易成型

奶油可乐饼的外衣做好之后，在裹粉前有一个步骤是"将馅料整理成圆柱形"。进行这个步骤之前，将馅料冷却后就能做出漂亮的圆柱体。把原料放入冷藏室冷却，着急放进冷冻室也无妨。

料理步骤

小妙招掌握度测试

苦恼时的补救小妙招

肉类

鱼类

鸡蛋·乳制品·大豆制品

蔬菜·白薯

蘑菇·海藻·水果

主食

饮料

配菜篇

side dish
*
   *

测试一下！

来检验吧！

在正确选项上画○
在错误选项上画 ×

为什么是正确的，
为什么是错误的，
下面进行讲解。

A ☐ 用锡纸剥牛蒡皮，效果惊人的好。

B ☐ 炒菜之前先把蔬菜在微波炉中加热一下，就不会太吸油了。

C ☐ 做腌菜时要用厨房纸按压，这样能更入味。

D ☐ 让小白菜变好吃的秘诀：煮完后过一遍凉开水。

E ☐ 水芹菜可以像鲜花一样摆放，隔一段时间换水就能持久生长。

F ☐ 水煮竹笋上白色的斑点是霉斑，不能食用。

G ☐ 南瓜皮厚不易切开，在微波炉中加热1～2分钟即可。

H ☐ 用茶巾包着芋头将水分挤干，做成蒸芋头，用保鲜膜捏出形状，非常简单。

I ☐ 将土豆丝饼做圆的秘诀是将土豆丝漂洗一遍。

J ☐ 用刀切魔芋不如用手撕，形状不规则更好吃。

K ☐ 如果将豆渣冷冻，味道会变差，应该放入冷藏室。

L ☐ 如果用烤豆腐做豆腐沫冷盘，会变得水水的。

小妙招 279 [A 正确的原因]
利用锡纸的凹凸剥去牛蒡的皮

普通方法

小妙招

将锡纸团成一团，用来擦牛蒡的皮，锡纸表面的凹凸会有惊人的去皮效果。这样说来似乎很难让人相信，一定要亲自尝试一下！一般的方法是用菜刀刀背轻刮，如果手法不熟练很难操作。此外，用厨房刷轻轻扫，皮就会剥落，可以准备一个单独的厨房刷，与清洁时使用的区分开来。

小妙招 280 [B 正确的原因]
只需微波加热，就可以缩短与油接触的时间

用微波炉加热再下锅炒，可以缩短与油接触的时间，吸油率也会下降。蔬菜先用水焯过再炒也有同样的效果。将蔬菜切成大块，可以减少与油接触的面积，也能少吸油。

答案在这里！

A	B	C	D	E	F
○	○	○	×	○	×

G	H	I	J	K	L
○	○	×	○	×	×

判定在这里！

回答正确 ◯ 个

* 正确 10 个以上
可与大厨媲美！

* 正确 6～10 个
一般人！

* 正确 5 个以下
见习阶段……

你回答正确的有几个？

小妙招 281 [C 正确的原因]
厨房纸可以代替小锅盖，用来腌菜

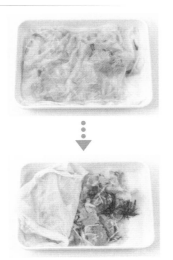

将蔬菜煮过或烤过再浸在西式腌汁中就可以做成"西式腌菜"。在盘中放入蔬菜和腌菜汁，充分混合后放置一会儿。如果腌汁放得太少不容易混合均匀。

小妙招 282 [D 错误的原因]
小白菜没有涩味，不用过水也可以

小白菜不像菠菜一样有涩味，煮熟后不用再过水也很好吃。在热水中煮熟后，要迅速捞到竹屉中分散冷却，否则余温容易让菜的颜色变暗。煮菜时加少量的盐和油，色泽更鲜艳，味道更好，一定要试一试。

小妙招 283 [E 正确的原因]
水芹菜是水生植物，泡在水里就能生长

将水芹菜作为肉食料理的配菜，能让色彩更丰富，但每次只用一点，余下的部分很多。用在沙拉、汤中也未尝不可，不过像鲜花一样保存也不错。水芹菜是水生植物，放在水中能够长时间保鲜，每天换水，稍微修剪切口，就能保存约一周时间。

小妙招 284 [F 错误的原因]
白色斑点是可以放心食用的

水煮的竹笋切开后，经常会发现白色的斑点。这不是霉斑，洗过后就可以放心食用。

小妙招 285 [G 正确的原因]
南瓜皮加热后变软，就容易切开了

南瓜的皮很硬，不容易切开。将体重压在菜刀上用力，非常容易切到手，好可怕！此时不要勉强，用微波炉将南瓜加热 1～2 分钟，外皮会变软，对内部几乎没有影响，不妨试试看。

小妙招 286 [H 正确原因]
蒸芋头不会湿嗒嗒的，非常便利

煮熟后的芋头、南瓜压碎，裹上茶巾。用保鲜膜包好，不需用力就能简单地将形状整理好。用微波炉、蒸锅做芋头时，也可以直接使用保鲜膜。

小妙招 287 [I 错误的原因]
土豆丝过水后会变得根根分明

土豆丝的许多做法要用水漂洗，但做土豆丝饼时，过水会变得根根分明，是错误做法。不要切得太粗，切成细丝非常重要。

小妙招 288 [J 正确的原因]
不规则的断面更容易入味

菜谱上只写着"将魔芋切块"的时候，用手撕也是个好方法。不规则的断面更容易浸入调味料，让魔芋变得美味。

小妙招 289 [K 错误的原因]
容易变质的豆渣，用冷冻保存更合适

豆渣是适合冷冻保存的食品，直接冷冻或炒过、煮过后冷冻都可以。如果缺道小菜，不妨把这个存货取出来吧。

小妙招 290 [L 错误的原因]
无需控水，就可简单地做好一道豆腐冷盘

烤豆腐是将豆腐的水分控干后在火上烤成的。因此做豆腐冷盘时就不需要控水，直接将烤豆腐放到碗中，用打泡器搅碎。之后再加一些蔬菜点缀，豆腐冷盘就完成了。

料理步骤

小妙招掌握度测试

苦恼时的补救小妙招

肉类

鱼类

鸡蛋·乳制品·大豆制品

蔬菜·白薯

蘑菇·海藻·水果

主食

饮料

主食篇
staple food *

测试一下！

在正确选项上画○
在错误选项上画 ×

来检验吧！

为什么是正确的，为什么是错误的，下面进行讲解。

A ☐ 出新米时，一次性购买大量储存起来。

B ☐ 冰箱的蔬菜盒可以用来保存大米。

C ☐ 陈米要想做得好吃，要少放一些水。

D ☐ 用高压锅做糙米饭，无需事先浸泡。

E ☐ 做失败的蛋包饭，可以放在厨房纸上再次整理形状。

F ☐ 做肉末盖饭，炒肉馅时用多支筷子打散更方便。

G ☐ 想让炒饭中的米粒粒分明，最好使用放冷的饭。

H ☐ 煮手工素面的时候，不能用力冲洗，轻轻过水即可。

I ☐ 用微波炉也能做乌冬面。

J ☐ 煮意大利面时要保留一些面芯的嚼劲。

K ☐ 要将吐司面包切片，横过来能切得更漂亮。

L ☐ 面包屑不能冷冻保存，要冷藏。

答案在这里！

A	B	C	D	E	F
×	○	×	○	○	○

G	H	I	J	K	L
×	×	○	×	○	×

判定在这里！

回答正确 ◯ 个

* 正确 10 个以上 可与大厨媲美！

* 正确 6～10 个 一般人！

* 正确 5 个以下 见习阶段……

你回答正确了几个？

小妙招 **291** [A 错误的原因]
一次性购买贮存，会导致大米氧化

糙米只要低温保存就不容易氧化，但精米放时间久了很容易氧化。因此新米上市时不必一次性购买太多，比起家里，米店的贮存环境更好，只需买两周分量的小包即可。

小妙招 **292** [B 正确的原因]
大米的保存环境应该是低温背阴处，蔬菜盒正适宜

大米适宜保存在低温背阴处。以前的日本家庭都有这样的角落，但现在的房屋普遍使用隔热、密闭性高的材料，这样的地方反而很难找到了。唯一剩下的低温背阴处就是冰箱的蔬菜盒了。用带拉链的保存袋分成小袋放入冷藏室，大米能持久保鲜，不妨一试。

小妙招 **293** [C 错误的原因]
用陈米做饭时要多放些水

陈米指的是上一年收获的米。使用陈米做饭时水和米的比例应该是米 1：水 1.2，要稍微多放些水更好吃。相反，使用新米做饭时，大米中的水分充足，可以适当少放些水。

[D 正确的原因]

小妙招 294

用压力锅煮糙米，不用事先浸泡也能很好吃

糙米对身体有益，但与白米相比，做起来太麻烦了……因为这个原因而对糙米敬而远之的人大概不在少数。不过只要使用高压锅，不用事先浸泡，只用普通电饭锅的一半时间就能做好糙米饭了。用高压锅做出的糙米饭还能更加喷香弹牙！会让人觉得每天都吃糙米也不错呢。

[E 正确的原因]

小妙招 295

失败的蛋包饭用厨房纸重新整理形状，就能变漂亮

要想将蛋包饭做得漂亮，需要很高的技巧。如果扣在盘子上时形状破坏了，只要盖上厨房纸，重新整理成树叶形就好。关键是趁热处理，如果放凉了，形状就更容易散开。即便形状做得很不好看，也能挽救回来。

[F 正确的原因]

小妙招 296

用多根筷子拨肉末，能快速使肉散开

"不用两根筷子，要用多根，这种方法还没听说过呢……"或许有人会这么想，其实这种做法很常见。用多根筷子能快速使肉散开，不妨尝试一下。

[G 错误的原因]

小妙招 297

用冷饭做炒饭，米粒不容易散开

米饭加热后米粒更容易散开，所以将饭用微波加热后再炒是正确做法。
先将热过的米饭放入蛋液中，让蛋液与饭粒充分混合。下一步在平底锅中放入色拉油热一下，将混合好的米饭倒入锅中翻炒。用加热过的米饭做炒饭，更能粒粒分明。

[H 错误的原因]

小妙招 298

素面仔细冲洗能变得更有劲道

将手工素面仔细冲洗，能让面变得更有劲道。
将面煮熟后完全冷却，再用冷水冲洗。动作要迅速，否则面条会吸水膨胀。从水中取出一点放在竹屉上，立即吃味道最好。

[I 正确的原因]

小妙招 299

将乌冬面的材料放入，用微波炉加热就完成了

做出好吃的乌冬面的秘诀是要加入煮面汤、调味料以及味道鲜美又没有腥味的鸡肉。将洋葱作为调料放入就更好了。
然后只要放进微波炉中加热，炖鸡肉风乌冬面就完成了。盛面的碗既是保存容器，又能放入微波炉就更加便利了。加热时要将容器盖子斜放。

[J 错误的原因]

小妙招 300

冷制意大利面容易成坨，煮的时候要偏软一些

闷热的天气里会想吃冷制意大利面，做冷制意大利面不能留有面芯，煮的时候要偏软一些，比标准的时间长1分钟左右。煮好后放入冰水中捞出，面就有了韧劲。将"煮意大利面要留芯"视为通常做法的要特别注意。

[K 正确的原因]

小妙招 301

横着切吐司不容易破坏形状，可以切得很漂亮

从上方垂直切吐司，形状容易压坏、切不直……你是否有这样的经历呢？这是因为烤面包时水分会存在下部，所以吐司上方较为柔软。要想切得好，要将吐司横过来，从侧面入刀，这样更容易切开。

[L 错误的原因]

小妙招 302

与面包一样，面包屑推荐冷冻保存

面包是适合冷冻、不适合冷藏的食物，面包屑也同样，要放入密封容器进冷冻室保存。不必解冻，直接就能使用，很方便。

料理步骤

小妙招掌握度测试

苦恼时的补救小妙招

肉类

鱼类

鸡蛋·乳制品·大豆制品

蔬菜·白薯

蘑菇·海藻·水果

主食

饮料

甜点篇
sweets

测试一下！

在正确选项上画○
在错误选项上画 ×

A ☐ 无论使用哪个品种做焦糖苹果，颜色都是红红的。

B ☐ 要让蛋糕中的水果干分布均匀，可以放黄油。

C ☐ 使用橘子皮的时候，撒一些砂糖，就能去除表面的蜡。

D ☐ 用软软的面包做法式吐司最合适！

E ☐ 将生奶油放入密封容器摇晃，就能做出奶泡。

答案在这里！

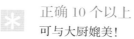

A	B	C	D	E
×	×	×	×	○

判定在这里！

你回答正确了几个？

回答正确 ◯ 个

* 正确 10 个以上
可与大厨媲美！

* 正确 6 ~ 10 个
一般人！

* 正确 5 个以下
见习阶段……

来检验吧！

为什么是正确的，
为什么是错误的，
下面进行讲解。

小妙招 304 [B 错误的原因]
稍微撒一些低筋粉即可

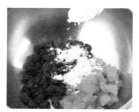

在水果干中撒上一些低筋粉，再与蛋糕原料混合。烤蛋糕时，面粉会成为水果与蛋糕的黏着剂，让水果干固定在蛋糕底部。

小妙招 305 [C 错误的原因]
用盐去除橘子皮表面的蜡

做橘子果酱时，不单要使用橘子果肉，也要放入橘子皮，但皮上经常会带有蜡。此时将大量的盐盖住橘皮，两手揉搓后用水冲洗，就能将蜡去除。

小妙招 306 [D 错误的原因]
用干燥变硬的面包做法式吐司最合适

最适宜做法式吐司的是干燥变硬的面包，酒店甚至会特地将新鲜面包放上一晚。

如果只有软乎乎的面包，可以使用面包炉烤干，或在通风处放 30 分钟左右，再浸入蛋液。

小妙招 303 [A 错误的原因]
只有使用"红玉"品种才能做出红色的焦糖苹果

连苹果皮一起煮，只有红玉品种才能做出红色的焦糖苹果，而且也只有红玉的形状不易煮烂。酸甜的红玉与焦糖口味也最搭配。

小妙招 307 [E 正确的原因]
摇晃生奶油就能起到与打泡机同等的效果

将冷藏的生奶油放入密封容器摇晃，开始能听到液体流动的声音，之后声音消失。打开盖子看，就能看到已经做出了漂亮的奶泡。在咖啡上盖上一点，也会变得更好喝。

这里介绍 316 个 • • • • • • • •
做主菜时非常有用的小诀窍。
按照肉类、鱼和贝类、鸡蛋等食材类别
区分开来，便于查找
首先来试试下面几个小妙招吧。

第 2 章
主菜篇

肉类

小妙招 308 用市面上卖的烤肉用牛肉薄片
做极致美味的牛肉卡巴乔

先将市场上卖的烤肉用牛肉薄片铺在盘子上，
从上方撒上盐、胡椒。淋上一些橄榄油，用手指
轻触让油浸透。撒上一些帕尔玛奶酪薄片，再挤
一点柠檬汁，一道大师级的前菜就完成了。

鱼和贝类

小妙招 309 能享受双重美味的便当。
将烤鲑鱼变为茶泡饭

最常见的烤鲑鱼便当，可以享受双重
美味。吃的时候留下适当比例的鱼和米饭，
将准备好的葱花、芥末放入，倒上茶水，
就能变身茶泡饭便当。买生鱼片时附赠的
小包芥末也可以利用起来。

鱼和贝类

小妙招 310 将墨鱼的生鱼片做成雕花造型，
可与料亭比肩！

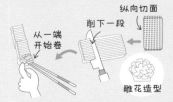

从一端开始卷

纵向切面

削下一段 →

雕花造型

只要改变墨鱼生鱼片的切
法，就能做出一道漂亮的雕花
造型生鱼片。先纵向切一刀，
沿切口削薄片。将削好的墨鱼
排成一列，从一端卷起，就能
做出像玫瑰花一样的墨鱼花了。

鸡蛋

小妙招 311 加热方法有诀窍。做出极致美味
"蟹玉"（蟹肉蔬菜蛋饼）的方法

一口气倒入

蛋液

油

将中式炒锅烧热后
倒一些油，将蛋液一口
气倒入混合。至鸡蛋半
熟后，再倒入等量的油，
用木铲翻面。稍微出现
焦黄色时就完成了！

乳制品

小妙招 312 让饭团变得更美味、更特别！芝
士饭团的做法

说到饭团，最普通的有鲑鱼、鳕鱼子口味，
近来人气最高的是熟透芝士馅的饭团。切一块 5
毫米左右的奶酪角，捏入热乎乎的米饭中。

加入鲑鱼饭团等常见的品种中也是出人意料
的搭配，一定要试一试哦。

豆制品

小妙招 313 安然度过发工资之前的日子！油
豆腐培根卷的做法

油豆腐是发工资日之前的好伙伴，但比起肉
类，人气还是不算高。有一个小妙招能让油豆腐
变身人人喜爱的料理。用培根卷起油豆腐，烤至
外皮焦黄，沾上烤肉酱就大功告成了。这种做法
会让油豆腐的人气大大提升。

鸡腿肉 **

从脚部到大腿根部分的鸡肉。与其他部位相比，肌肉成分较多，颜色偏红，味道丰富。可以有去骨、带骨、炸鸡腿、煎鸡腿、炖鸡肉等多样做法，是万能的肉类。

小妙招 314 [选择方法] 肉质厚的鸡腿品质好。新鲜鸡腿毛孔分明，有光泽。

高品质的新鲜鸡腿，肉质厚而具有弹性。皮和脂肪具有透明感，皮上的毛孔分明，是鸡腿肉新鲜的表现。颜色变暗、肉汁析出是鸡腿肉鲜度下降的表现，要避免购买。

小妙招 315 [预先处理] 去除多余的皮下脂肪会更美味

多余的鸡皮，皮下黄色的脂肪是腥味的源头，要用刀去除，用厨房剪刀也可以，这个诀窍能让鸡肉更鲜美，不妨一试。

小妙招 316 [预先处理] 用盐和酒浸过鸡肉，可以去除腥味，引出鲜味

烹饪前，在肉上洒些酒就能去掉腥味，这里介绍让味道更上一层楼的做法。①在肉上撒上一层薄盐，轻拍入味。②洒上酒用保鲜膜包好，用重物压住放置两小时左右。这样，盐会将多余的水分带出，让味道更浓厚，酒也会去除肉中的腥味，将鲜味引出来。一定要尝试一下。

小妙招 317 [预先处理] 为了更加入味，可以用叉子在鸡皮上戳几个小洞

在鸡皮上用叉子戳几个小洞，既可以防止加热后皮的收缩，又可以让鸡肉更容易入味。戳完洞后，撒上盐和胡椒调味即可。

小妙招 318 [开始料理] 炖鸡肉先煎过一遍再炖，美味不会流失

即使花很长时间去炖，鸡肉入口时也有可能变得干巴巴的，口感不好。这是因为肉的鲜味进到汤里流失了。为了不让鸡肉中的鲜味流失，关键是要先烤一下再加汤炖煮。烧烤过后肉表面的油分会形成一道保护膜，将美味锁住。

小妙招 319 [开始料理] 煎鸡腿要用小火，将鸡皮煎脆即可

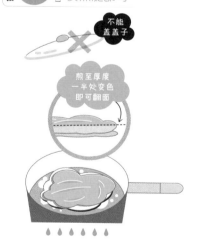

不能盖盖子

煎至厚度一半处变色即可翻面

要做出外皮脆、肉汁丰富的专业级煎鸡腿，关键在于掌握火候和翻面的时机。
平底锅无需预热，开小火，将鸡皮一面朝下。肉加热后从下方颜色开始渐渐变化，煎至厚度一半处变色时，即可翻面。煎鸡肉不能盖锅盖，否则既看不到肉色的变化，水蒸气也会让皮无法保持酥脆。

小妙招 320 [开始料理] 塑料袋大显身手！放入肉和调味料，让肉入味。

调味料 → 塑料袋

塑料袋中放入肉和调味料，揉搓混合即可。既免去了洗碗的步骤，又能不脏手就完成腌渍的工作。

小妙招 321 [开始料理] 让炸鸡块酥脆的诀窍是要炸两次

炸鸡块不会软塌塌的诀窍是，淀粉裹得薄一些，分成小份放入170～180度的油中。如果一次性放入，油温会迅速下降。

开火约3分钟后下锅油炸，捞出后余温会保持5分钟左右，第二次用大火快速油炸。虽然有些麻烦，但一定能做出酥脆的口感，值得一试！

小妙招 322 [保存方法] 鸡肉容易变质，腌渍过后要冷藏。做菜时直接取出即可

鸡肉容易变质，如果不立即料理，推荐腌渍后冷藏。将肉放入带拉链的保鲜袋，一块鸡腿肉约250克，加一小勺盐、一瓣大蒜、迷迭香、一大茶匙橄榄油充分混合，蒜香鸡腿就完成了！浸过腌汁的鸡肉可以在冷藏室保存4天左右，鸡肉已经调好味道，直接料理即可。

小妙招 323 [保存方法] 直接冷冻鸡腿时要先去除水分

将生鸡腿直接冷冻时，要先用厨房纸将水分去除。放入冷冻用的保存袋快速冷冻，可保存1个月左右。如果带血和腥味，可以先在冰水中把肉洗一下，去除水分后再冷冻。

鸡胸肉

将鸡翅去除后，剩下的就是鸡胸肉。鸡胸肉去掉鸡皮后脂肪很少。因为热量低、味道淡，适合做成炸鸡或炒菜。鸡胸部分也很鲜美，做成蒸鸡肉也很好吃。

小妙招 324 [选择方法] 新鲜的鸡肉呈粉红色，要选择肉汁没有流出的

带着透明感的粉色说明肉质新鲜。另外，高品质的肉是具有一定厚度的。鸡肉不新鲜了肉汁会流出，虽然是否带血与新鲜程度无关，但最好还是不要选择颜色变暗、带血的鸡肉。

小妙招 325 [预先处理] 用手剥鸡皮的简单技巧

将鸡皮去除更健康，借助厨房纸，用手剥鸡皮最便利。既不会使油沾到手上，拿起来也不会太滑。如果用这种方法还是不好剥，可以用菜刀帮忙。之后不要将剥下的皮扔掉，用在做汤底、切成适当大小做沙拉都不错。

小妙招 326 [预先处理] 用砂糖或蜂蜜煮鸡肉会更嫩

鸡胸肉虽然很健康，但会有点柴。此时能让肉质鲜嫩变软的方法是加入砂糖。在肉上均匀地撒上少量砂糖，充分浸入后再料理，就一点也不会柴。因为砂糖具有保存水分的功能，肉中的水分不流失，就会保持柔软的口感。用蜂蜜代替砂糖也可以。

小妙招 327 [开始料理] 想要加热均匀，从当中切开铺成大块

把鸡肉从中间切开，分成两片。将上下倒换，在反方向也切开口。加热均匀才能更入味，这种方法在多种料理中都可使用。

小妙招 328 [开始料理] 裹上面粉，做出的煎鸡肉才不会柴

要想将鸡胸肉做得好吃，料理前先扑上些面粉是个好主意！用这个办法做出的鸡肉一点也不会柴。

小妙招 329 [开始料理] 用微波炉做出肉汁丰富的蒸鸡肉的秘诀

微波炉加热3分钟

用保鲜膜盖住　酒　盐

生姜　葱

取两片鸡胸肉，放在耐热盘中撒上盐和胡椒，淋上一大匙酒，生姜切薄片，葱叶部分切成5厘米左右的葱段放入。用保鲜膜盖好后在微波炉（功率500瓦）中加热3分钟，翻面后加热两分钟。生姜、大葱既可以去除腥味，用保鲜膜包住也可以防止酒的挥发，做出一道酒蒸鸡。

小妙招 330 [开始料理] 炖鸡肉连汤汁一起冷却会很好吃

炖鸡肉时，连汤汁一起冷却，溶进汤汁的鲜味会回到肉中，使鸡肉恢复鲜嫩口感。

小妙招 331 [开始料理] 蒸鸡肉用两把叉子就能把肉撕开

趁热将肉撕开

蒸鸡肉一般会放凉后用手撕开，趁热用叉子更加简便。

用一把叉子将肉固定，另一把叉子沿着纤维将肉撕开。

小妙招 332 [保存方法] 建议将鸡肉煮熟后与汤汁一起保存

鸡肉容易变质，在冷藏室中保存之前最好要先煮熟，不要嫌麻烦。放凉后与汤汁一起放入保存容器冷藏，可保存3天左右。鸡胸肉可保持新鲜完好，如果放进冷冻室，能保存约1个月。

小妙招 333 [保存方法] 将肉切片调味后再冷冻

冷冻鸡胸肉可以用在很多料理中，使用时只要取出已经切片并调味过的冷冻肉即可。将鸡胸肉切片放入冷冻保存袋，再放入一大匙酒、一小匙酱油、少许盐，充分混合后放入冷冻室，可保存1个月左右。

料理步骤

小妙招掌握程度测试

苦恼时的补救小妙招

肉类

鱼类

鸡蛋·乳制品·大豆制品

蔬菜·白薯

蘑菇·海藻·水果

主食

饮料

鸡胸脯 **

鸡胸肉内侧沿胸骨左右各一根的位置。这个部位的肉质柔软、味道淡，做酒蒸鸡、凉拌菜、炸鸡都很适合。蛋白质含量高、热量低，最适合瘦身时食用。

小妙招 334 [选择方法] 选择有透明感、呈漂亮的粉色的鸡肉

选择鸡胸脯的关键是肉的颜色。选择整体带有光泽、颜色呈有透明感的漂亮粉色的肉。

嫌预先处理太麻烦，可以选择不带筋的肉。

小妙招 335 [预先处理] 用菜刀轻轻压住，把筋扯下

白色的筋会让肉缩起来，烹饪变得困难，吃起来口感也不好，所以要去掉。先沿着筋切开小口，翻面后用手压住筋的一头，另一边用刀背按住，将筋扯掉。

小妙招 336 [开始料理] 做奶酪卷、梅干卷之前要先将鸡肉展开

做炸奶酪卷等料理时，先将胸脯肉完全展开，撒上盐和酒，将奶酪放在上面卷成卷，梅干也采用同样做法。

小妙招 337 [开始料理] 做梅干卷使用管状的梅干，可以缩短料理时间

做炸梅干鸡肉卷、酒蒸鸡都很好吃，但要将梅干一颗一颗地压扁有些烦琐。

这时可以使用市面上卖的管状梅干，只要挤在上面即可，大大缩短了料理时间。

小妙招 338 [开始料理] 切薄片，做成不用油炸的炸鸡排

不用油炸的"炸鸡排"，听上去怎么样？将鸡胸肉切成片，与做普通炸鸡一样，撒上盐和胡椒，再裹上面粉、蛋液、面包屑，放入烤箱10分钟左右翻面烤即可。肉切成薄片更容易熟，口感惊人地酥脆。

小妙招 339 [开始料理] 做酒蒸鸡时在九成熟时关火是诀窍

用蒸锅做酒蒸鸡，将锅盖掀开一条缝转为中火，考虑到余热作用，蒸至九成熟就可以关火了。判断火候是否到位，可以用手按压，肉质保持柔软状态最佳。慢蒸更容易入味，注意不能蒸过火，肉质容易变硬。

小妙招 340 [开始料理] 使用葡萄酒或绍兴黄酒，变身西洋风、中国风！

酒蒸鸡是一道高品质的日本料理，但只要替换酒的种类，味道就可以变得更丰富！例如，使用白葡萄酒，可以变身西洋风，用绍兴黄酒就能变成中国风。做法完全一样，就能让料理的种类丰富起来，享受富于变化的味道。

小妙招 341 [开始料理] 只要炸一下即可。最适合当作零食的鸡胸脯仙贝

放入盐、胡椒、酒、蒜末烤制。20分钟后撒上淀粉，将肉平铺开，切成合适大小后油炸，就做成了美味的仙贝。香脆的口感最适合当作零食，一定要试一试。

小妙招 342 [保存方法] 用叉子沿着纤维撕碎

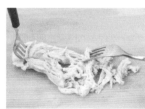

做凉菜、沙拉的时候，一般将鸡肉煮熟，用手撕碎。实际上用一只叉子固定，另一只叉子沿着肉的纤维撕开更加方便。

小妙招 343 [保存方法] 去掉筋后，将鸡胸脯肉用保鲜膜包好冷冻保存

鸡胸脯肉中的水分和脂肪都比较少，容易变柴。因此尽量不要与空气接触，去掉筋后，将鸡胸脯肉一块一块用保鲜膜分别包好，放入冷冻袋冷冻保存。

鸡翅尖
鸡翅中
鸡翅根 *＊

鸡翅尖中富含明胶、脂肪成分，味道丰富。除了炖着吃、炸着吃，做蔬菜锅也不错。鸡翅根上的肉质柔软，脂肪少、味道淡，做炖菜、炸翅根更合适。

小妙招 344 [选择方法] 选择色泽鲜亮带毛孔的更新鲜

鸡翅尖、鸡翅根都一样，肉的颜色呈粉红色、带有光泽、带毛孔的肉质更新鲜。购买后要尽快料理。

小妙招 345 [预先处理] 鸡翅尖的尖头部分用剪刀剪下更方便

做菜时鸡翅尖的尖头部分比较碍事，用剪刀直接剪下是最佳方法。从关节部位开始剪，可轻松地剪开。

小妙招 346 [开始料理] 切掉的鸡翅尖头不要扔掉，可以用来煲汤

预先处理时剪掉的鸡翅尖头部分不要扔掉，可以用来煲鸡汤，用带骨的部位可以做出鲜美的汤底。不立即使用的部分可以放在一起冷冻保存，煲汤时直接将冷冻着的鸡翅尖放入热水即可。一道味道浓郁、富含胶原蛋白的鸡汤就轻松完成了。

小妙招 347 [开始料理] 炖鸡翅中时加一点醋，肉质鲜嫩多汁

鸡翅中上的肉不多，炖着吃的时候出锅前加一点醋，就能让肉质变得鲜嫩多汁。醋的味道加热后就会挥发，不用担心有酸味。

小妙招 348 [开始料理] 给鸡翅中涂一层油，放进烤箱，口感香脆

外皮脆、香味四溢的鸡翅中，用烤箱就能简单完成。将鸡翅放入塑料袋中，洒一些酒，稍微多放些盐和胡椒，摇匀混合。在鸡翅上涂少量的橄榄油或芝麻油（约3只鸡翅／一小匙），大蒜切片放入，静置20分钟左右。从塑料袋中取出将鸡翅放进烤箱，约15分钟呈褐色就完成了。

小妙招 349 [开始料理] 做炖鸡翅用高压锅更快速简便

炖鸡翅中、鸡翅根都很花时间，推荐使用高压锅。做咖喱、炖菜只要10分钟左右，之后自然放置15分钟左右，肉就能变得柔软脱骨，非常好吃。

小妙招 350 [开始料理] 能成为各种料理珍贵原料的炖鸡翅根酱油汤底

炖好的鸡翅根肉质柔软，放入酱油也很好吃，如果一次吃不完，将肉剥下浸入酱油中，可以非常方便地用在许多料理中。做沙拉、烩饭、杂炊时只要加一点就很美味。

小妙招 351 [开始料理] 用剪刀简单制作"郁金香翅根"

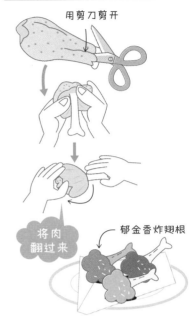

用剪刀剪开

将肉翻过来

郁金香炸翅根

沿着鸡翅根的骨头剪开小口，将骨头旁的肉切开，把肉翻过来，就做成了"郁金香翅根"。做成炸翅根相当不错！

小妙招 352 [保存方法] 鸡翅中、鸡翅根最好用盐浸过后冷藏保存

鸡翅容易变质，如果不能立即吃完，不要直接冷藏，最好用盐浸过后冷藏保存。放盐后可以消除腥味，肉也更紧实，美味提升。

除此之外，用盐和橄榄油腌过后直接在烤架上烤也不错。

小妙招 353 [保存方法] 将鸡翅冷冻保存前要先水洗，消除腥味

消除腥味的关键是用水洗。洗过后用厨房纸去除多余水分，在包上保鲜膜的金属托盘上并排放置，鸡翅之间留一点间隔，不要排得太紧，上面再用保鲜膜盖住，放进冷冻保鲜袋，进冷冻室保存，可保存1个月。

料理步骤

小妙招掌握程度测试

苦恼时的补救小妙招

肉类

鱼类

鸡蛋·乳制品·大豆制品

蔬菜·白薯

蘑菇·海藻·水果

主食

软料

鸡肝 ＊＊

鸡的肝脏。富含维生素 A 和铁元素，营养价值高。口感柔软，相比牛肝和猪肝腥味较少，容易入菜。烤鸡肝、炖鸡肝、炒鸡肝……怎么料理都很好吃。

小妙招 354 ［选择方法］ 肉质紧实、有弹性的鸡肝更新鲜

鸡肝很容易变质，选择品质新鲜的非常关键。肉质紧实、有弹性的鸡肝更新鲜，不要选择肉质绵软没有弹性的。

小妙招 355 ［预先处理］ 清水洗净后用冷水或牛奶浸泡，去除鸡肝中的血

用冷水或牛奶浸泡

用水仔细清洗过后，在冷水中浸泡 30 分钟左右。或者在牛奶中浸泡 30 分钟，去除鸡肝中的血和腥味。

小妙招 356 ［开始料理］ 脂肪和绿色的部分去掉之后，和带有香味的蔬菜一起烹调

料理前先将鸡肝上白色的脂肪去掉，绿色部分也要去除。即便去掉血也会留有腥气，和大蒜、生姜、韭菜、大葱一起料理，就能让味道减轻。推荐把鸡肝与带香味的蔬菜搭配起来。

小妙招 357 ［开始料理］ 鸡肝酱的做法：煮熟后用叉子捣碎即可

鸡肝酱用来涂在法式面包上会很好吃，其实鸡肝酱做起来非常容易哦。将鸡肝切成两半放入开水，煮 5 分钟左右直到鸡肝浮起。控干水分后放在碗里用叉子背面压碎，加入盐、胡椒、芥末酱等充分混合，成为糊状即可。

小妙招 358 ［开始料理］ 切成薄片后冷冻。先调好味道再冷冻

将鸡肝进行基础处理后切成薄片，用保鲜膜包好，放入保鲜袋冷冻保存。或者切成薄片，约 200 克鸡肝对应酒一大匙、酱油一大匙、花生油一小匙、少量蒜末，混合均匀后冷冻起来。

鸡胗 ＊＊

鸡胗是鸡胃下部的肌肉部分，高蛋白、低热量，几乎没有脂肪。口感弹牙是它的特点。没有怪味，炖煮、油炸、炒菜、烧烤都可以，使用范围很广。

小妙招 359 ［选择方法］ 筋呈白色，周围带有青色带状部分的鸡胗是新鲜的

鸡胗呈鲜艳的粉色，筋呈白色，周围带有青色带状部分是新鲜的表现。

小妙招 360 ［预先处理］ 将下半部连着的部分切掉，之后用手即可处理

将鸡胗连着的部分从当中切开，用手指压住青白色的部分（筋部）向上撕，就能将筋揭起，从一端揭到底，就能把筋彻底去除。薄皮（银皮）也能揭掉。

小妙招 361 ［开始料理］ 切成薄片进行料理。划几个口更容易熟

预先处理完毕后，料理时将红色部分切成薄片。鸡胗最好吃的是弹牙的口感。如果切得太厚，肉质偏硬不好吃。炖、炸、炒着吃都要先切成薄片，每块切 3～4 片为宜。

只要稍微费些功夫，就能让鸡胗更容易熟，吃起来口感也更软嫩鲜美。

小妙招 362 ［开始料理］ 将鸡胗做出牛舌的美味

用生姜煮、油炸的鸡胗最受欢迎，这里来介绍一下简单又好吃的做法吧。先将鸡胗与生姜一起煮后备用。在平底锅中放入大蒜、葱末炒香后，加入鸡胗，加盐炒熟即可。吃的时候挤上柠檬汁更美味。

小妙招 363 ［保存方法］ 预先处理后用保鲜膜包好冷冻起来

鸡胗进行预先处理、解冻后，切成便于料理的薄片。将金属托盘用保鲜膜盖住，将鸡胗并排放置，留一些间隔，再盖上一层保鲜膜，放入保鲜袋，冷冻保存。

猪肉块 ＊ ＊

猪肩肉、里脊、肋排等块状的猪肉，要按照不同的用途区分使用。将整块猪肉煮熟，可以在各式料理中分别使用，非常便利。做成叉烧肉也非常好吃。

小妙招 364 [选择方法] 新鲜的肉粉色偏红，没有血沫，脂肪是纯白色的

从肉和脂肪的颜色能看出肉质是否新鲜。新鲜的肉带有光泽，呈粉色偏红的颜色。脂肪部分呈带有黏性的白色，说明肉很新鲜。如果肉色发灰、脂肪变黄、肉汁流出，说明不够新鲜，不要购买。

小妙招 365 [开始料理] 用棉线绑好再加热，可以保持肉的完整形状

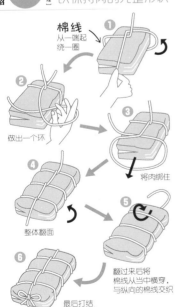

棉线
从一端起
绕一圈
① ② ③ 做出一个环
④ 将肉绑住
⑤ 整体翻面
⑥ 翻过来将棉线从当中横穿，与纵向的棉线交织　最后打结

煮肉块、烤肉块时用棉线绑好可以保持肉的完整形状。如果绑得太紧会不容易熟，诀窍是捆线要留出一些富余。市面上卖的橡胶网袋也很方便，但其实用棉线也很简单，记住这个小妙招吧。

小妙招 366 [开始料理] 要让肉彻底熟透，应在肉恢复常温后再开始料理

肉块具有一定厚度，料理之前一定要从冷藏室取出，让肉恢复室温。如果不注意这点，肉很难彻底熟透，料理时间变长，肉质变硬，味道也会打折扣。应在料理前30分钟左右将肉从冷藏室中取出。

小妙招 367 [开始料理] 无论什么部位的肉，使用高压锅都能变得软软嫩嫩!

猪肉煮过后可以用在各种料理中。煮猪肉一般要先用盐腌过后放在冷藏室中，取出后等其恢复至室温，用棉线绑好，就可以开始煮了。不过要想更简便地做出煮猪肉，推荐使用高压锅。在高压锅内放入水、盐、生姜、葱，加压20分钟后自然放置即可。

小妙招 368 [开始料理] 炸猪排、炖猪肉都可以使用，非常健康!

即便是高热量的炸猪排，使用煮猪肉作为原料，也能去除大部分脂肪，让热量直线下降。因为肉已经煮熟，只要快速将外衣炸至焦黄色即可。油炸食物只要外衣做薄一些，就能控制吸油量，为了健康着想，面包屑不要裹得太厚。

小妙招 369 [开始料理] 用红茶煮猪肉，可以消除腥味，让肉质变软

用偏浓的红茶炖肉

用偏浓的红茶包来炖肉，既可以消除腥味，红茶中的单宁酸还会让肉质变软。冷却后加入酱油、味淋和醋腌渍，放入冷藏室可保存1周时间。

小妙招 370 [开始料理] 加入酱汁，用微波炉加热，简单多汁的炖肉就做好了

把用盐腌渍过的肉用棉线绑好。在耐热碗中放入酱油、砂糖、酒和大蒜薄片与猪肉充分混合。然后用保鲜膜包好，放入微波炉加热5分钟（功率500瓦），将肉翻面再加热2分钟即可。

小妙招 371 [开始料理] 用竹签扎一下，流出透明的肉汁就说明肉全熟了

炖肉、烤肉时要确认肉的内部是否熟透了，可以用竹签扎一下。彻底熟透时会流出透明的肉汁，如果肉汁带有红色，说明还需要继续加热。

小妙招 372 [保存方法] 煮好的猪肉，切成容易入口的大块冷冻保存

将猪肉整块煮熟后，冷却切成合适的大小。用保鲜膜分小块包好，放入冷冻保鲜袋后冷冻保存。炖出的肉汤也放入保鲜袋冷冻。

小妙招 373 [保存方法] 切成一口大小的切块，按照用途分别冷冻

保鲜膜　冷冻完成后放入

厚切肉块分成小块后用保鲜膜包好

猪肉块可冷藏保存2~3天。一次吃不完时，按照用途区分开，分别冷冻。将厚切的大块肉分块包好，小块放在金属托盘中，留有一定间隔，用保鲜膜盖住，放入保鲜袋，可冷冻保存约1个月。

43

料理步骤

小妙招掌握度测试

苦恼时的补救小妙招

肉类

鱼类

鸡蛋·乳制品·大豆制品

蔬菜·豆薯

蘑菇·海藻·水果

主食

厚切猪肉**

里脊、猪肩肉等厚切猪肉，做成煎猪肉、炸猪排最合适，也可以用于咖喱、奶油炖菜中。

小妙招 374 [选择方法] 选择颜色鲜艳、肉质呈红色、脂肪分布均匀的肉

肉色鲜艳、带有粉色、脂肪部分呈白色的猪肉是新鲜的。选择具有弹性、红肉与白色脂肪的分界清晰、肥瘦相间的肉进行料理。流出肉汁是鲜度下降的表现，注意不要购买。

小妙招 375 [预先处理] 将筋切断后更容易炖熟

料理前先将红肉和脂肪之间连着的筋切开2～3厘米，这样更容易让肉熟透，做出的肉既好看又好吃。

小妙招 376 [开始料理] 厚切肉片要解冻至常温后再料理

如果肉的温度太低，当中不容易熟透，外表已经烤焦但内部还是生的。料理之前要提早20分钟将肉从冷藏室中取出，让其恢复至室温。

小妙招 377 [开始料理] 炸猪排前先拍打肉块，再裹上面粉、蛋液、面包屑

将肉切块后，用刀背或肉锤等在整块肉上轻轻敲打，修整形状。这样炸过之后肉才会软嫩。

接着撒上盐和胡椒。按照顺序依次裹上面粉、蛋液、面包屑。先沾面粉，让蛋液更容易吸附，最后再裹上面包屑即可。

小妙招 378 [保存方法] 用保鲜膜包好后，再用锡纸包上一层是秘诀

脂肪含量较高的肉冷冻之后水分容易蒸发，脂肪氧化，出现冻伤。生肉冷冻前撒上盐、胡椒让肉进味，每块肉分别用保鲜膜包好，再用锡纸包上第二层，就能让美味不会流失。腌制好的食材直接冷冻，料理时立即可以取出使用，非常便利。

猪肉薄片**

大腿、猪肩胛等部位的猪肉薄片很容易熟，做炒菜、炖菜等，日式、西式、中式料理都可使用，做寿喜锅、烤肉、涮肉都非常合适。

小妙招 379 [选择方法] 选择呈粉色、有光泽、脂肪呈白色的肉

肉色呈粉红色，表面光亮，脂肪部分呈白色。一眼看过去，粉色与白色间隔分明，这样的肉是新鲜的。肉变得不新鲜以后，颜色发灰，脂肪部分会发黄，而且会流出肉汁，要仔细检查。

小妙招 380 [开始料理] 不同的料理，区别使用不同的部位

猪肉的部位不同，味道会有差别，根据不同的部位会有，猪肉薄片的大小不一，脂肪量不一，料理时要区别选择使用。脂肪少而大块的猪腿肉，可以用来做蔬菜卷；里脊肉适合做涮肉、寿喜锅；猪肋排等脂肪含量较高的可以做炒菜。

小妙招 381 [开始料理] 将猪肉薄片切成细丝的秘诀是，沿着肉的纤维切

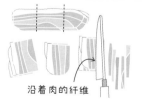

沿着肉的纤维

仔细观察，猪肉上会有白色的纹路，这是肉的纤维。切细丝的时候，如果将纤维切断，肉就会变得不规则，将肉调换一个方向，沿着纤维的方向，即可切成细丝。

小妙招 382 [开始料理] 料理前，将汤汁和多余的油去掉，下锅就不会飞溅

做猪肉生姜烧的时候时常会溅油或者烧煳，这是因为残留的腌渍汤汁加热后与油发生反应飞溅出来。烧焦的原因是汤汁中的酱油和味淋，为了防止溅油和出现烧焦的情况，在开始料理之前，先要将肉上多余的汤汁用厨房纸吸干。

小妙招 383 [保存方法] 在肉和肉之间要加上保鲜膜再冷冻

在保鲜膜上并排放上三块肉，再用保鲜膜盖住。重叠几次之后，放在金属托盘上，放入冷冻保鲜袋冷冻起来。用酱油腌渍调味过的肉，和已经煮熟过的肉，也用同样的方法冷冻保存，再次料理时非常方便。

料理步骤

小妙招掌握度测试

苦恼时的补救小妙招

肉类

鱼类

鸡蛋·乳制品·大豆制品

蔬菜·白薯

蘑菇·海藻·水果

主食

饮料

猪碎肉 **

猪碎肉是指大腿、肋排等多个部位的猪肉切下的碎肉集合起来的肉。将肉切成薄片很容易熟，做炖菜、炒菜都很好吃。由于肉没有腥味，可以使用在各式料理中。

小妙招 384 [选择方法] 选择色泽鲜艳呈粉红色的肉，流出肉汁的肉不新鲜

肉色呈淡淡的粉红色，脂肪呈白色，整体带有光泽的肉是新鲜的。有的肉脂肪部分太多，要尽量选择瘦肉和脂肪分布均匀的肉。此外，如果肉变得不新鲜，肉汁会流出，要仔细检查。

小妙招 385 [开始料理] 先让肉腌渍入味，再开始炒菜

炒菜时油会在肉的表面形成一层保护膜，使味道难以渗入肉中。所以要在炒之前放酱油和料酒，让肉入味。腌肉的时候，放入调味料，再用手揉搓让味道进入肉中。炒菜时也更方便。

小妙招 386 [开始料理] 用碎肉做炸猪排，事先将空气去除是关键

将多层薄肉片重叠到一起就可以做成"千层炸猪排"。在多层肉上撒上盐和胡椒，再裹上面粉和鸡蛋液。接下来的步骤与汉堡排的要领一致，要先将肉中的空气去除，整理好形状，之后与做普通的炸猪排的方法类似，裹上面粉、蛋液、面包屑，再下锅油炸即可。

小妙招 387 [开始料理] 在酒蒸猪肉中加一点柠檬是诀窍

撒过盐和胡椒的肉与酒充分混合，放在耐热的容器中展开，将柠檬片放在上面排列整齐，放在蒸锅或者微波炉中加热，柠檬的味道就会进入肉中，变成清爽的酒蒸猪肉。与蔬菜搭配做成沙拉会很好吃。

小妙招 388 [保存方法] 将切薄的肉片摊开平放，用保鲜膜包好冷冻保存

将肉片摊开平放在保鲜膜上包好，放入金属托盘冷冻保存，可以保存一个月左右。

猪肋排 **

猪肋排指的是，猪排骨部分带骨头的厚切肉块。肋排带有猪肉独特的浓郁味道。冲绳地区对它有特别的称呼，叫作"soki"。肋排使用在炖猪肉或荞麦面中都很合适，油炸或烤着吃也非常好吃。

小妙招 389 [选择方法] 要选择粉红色、脂肪部分呈白色的肉

选择红白相间、肥瘦比例平衡的肉。与猪肉的其他部分一样，要选择带有粉红色、脂肪部分带有白色光泽的肉，并且肥瘦比例要均衡。此外，选择肉质厚、带有骨头的肉更好。

小妙招 390 [预先处理] 沿着骨头划几刀，味道更容易进入

沿着骨头划几刀

想做猪肋排这样带骨的肉，要用菜刀的尖头沿着骨头，划出2～3刀，这样味道更容易进入。只要稍费些功夫，料理就能变得更美味。

小妙招 391 [开始料理] 炖煮之前要先烤出些焦痕，是让味道更好的秘诀

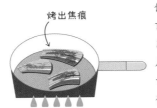

烤出焦痕

做炖菜之前要先把肉放在平底锅中，让表面稍微烤焦是诀窍。这个步骤让肉的表面的蛋白质凝固，形成一层保护膜，把肉的美味锁在其中。

小妙招 392 [开始料理] 在调味料中加一些果酱更好吃

做烤肉的时候，提前一天将肉腌好会更入味。在储存的容器中放入大蒜、生姜，然后放入果酱作为隐藏的味道充分混合。将肋排腌制一晚，果酱会让肉变得更加多汁，味道更加丰富，一定要试一试。

小妙招 393 [开始料理] 用可乐炖肉会让肉更加软嫩好吃

碳酸会让肉质变得柔软，放入可乐是让肉变得好吃的诀窍。烧排骨时放入可乐、生姜、酱油进行炖煮，做好之后，并不会有可乐的味道，而会让肉的层次更丰富，同时去除肉的腥味。

料理步骤

小妙招掌握度测试

苦恼时的补救小妙招

肉类

鱼类

鸡蛋·乳制品·大豆制品

蔬菜·白薯

蘑菇·海藻·水果

主食

饮料

牛肉块 **

大腿肉、牛里脊和霜降牛肉的肉块。推荐使用整块牛肉做烤肉。按照不同的用途切成厚片，可以做成牛排；切成小块也可以做成炖煮的料理，都很好吃。

小妙招 394 [选择方法] 选择颜色鲜艳、脂肪部分白、带有弹性的肉

肉的颜色带有光泽、瘦肉部分呈红色、脂肪部分呈白色的肉质新鲜。放置时间长的牛肉，脂肪的颜色会变黄。另外，选择带有弹性的肉更好吃。

小妙招 395 [开始料理] 垂直于肉的纤维切肉，吃的时候肉质更加软嫩

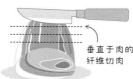

垂直于肉的纤维切肉

切牛肉时要垂直于肉的纤维切下，吃的时候肉会更加软嫩，用于烤肉的牛肉也用同样的切法。烧烤时，肉的纤维难以分辨，因此要在烧烤之前仔细检查。

小妙招 396 [开始料理] 烤整块的牛肉时，肉的两面都出现格子状的焦痕时，才算烤好

烤肉时想要将500克的整块肉直接放在火上烤，完整地享受肉的美味，要在开始料理前几个小时将肉从冷藏室中取出，让肉恢复常温。烤肉时，等肉的两面都出现一厘米左右大小的格子状焦痕，就证明肉已经完全烤熟。

小妙招 397 [开始料理] 掌握烧烤的火候和冷却方法，做出专业级的烤牛肉

要想做出肉的表面焦香、中间微生带有红色的烤牛肉，有两个关键点。首先是烤肉的火候。在200度的烤箱中，烤40分钟左右取出，用竹签穿进肉中，如果竹签头是热的，就说明烤的火候适当。如果没有感觉到热，要再次放入烤箱。烤好之后用锡纸包好，冷却15分钟左右。这样烤出的肉，肉汁不会流失，美味锁在其中，非常好吃。

小妙招 398 [保存方法] 将牛肉块切成合适的大小冷冻储藏

将整块牛肉冷冻起来解冻的时候会很费时间，使肉变得不好吃，可以切成适当的大小分开保存。将肉中的水分吸干，仔细地切为小块，用保鲜膜包好放入冰箱冷冻起来。

牛肉厚片 **

雪花肉、牛肋排、里脊肉等牛肉的厚片，按照部位的不同、脂肪的多少也有所区别，可以按照自己的喜好选择。做牛排，适合使用有一定厚度的肉，享受肉的原味。

小妙招 399 [选择方法] 肉质好的牛肉肌理细，脂肪呈白色的肉质新鲜

瘦肉和脂肪部分的界限清晰、瘦肉呈鲜红色、脂肪呈白色或乳白色的牛肉是新鲜的。纹路细腻的雪花肉叫作霜降肉，瘦肉和脂肪的比例平衡的品质较高。纹路细腻，肉质紧实有弹性的牛肋排、牛里脊肉质更好。

小妙招 400 [预先处理] 拍打牛肉、切断肉筋，可以让肉质变得更柔软。

无论肉质较硬，或使肉质较软，都要用刀背拍打肉的纤维，让肉变得更加软嫩。此外，肉的瘦肉和脂肪部分的分界处划开3～4刀，料理时肉就不会卷起来。

小妙招 401 [预先处理] 为了不流失美味，开始烤肉之前放盐和胡椒即可

如果盐和胡椒放得太早，盐的渗透压会让肉汁流出，使肉的美味流走。因此在烤肉之前再放盐和胡椒即可。

小妙招 402 [开始料理] 掌握两个小诀窍，控制烤肉的火候，让牛排更美味

rare 指的是一分熟，medium 指的是三分熟

耳垂 一分熟

脸颊 三分熟

锡纸

用手指压耳垂的柔软度，相当于牛排烤至一分熟，脸颊的柔软度大约是牛排烤至三分熟。在烧热的平底锅上垫着茶巾按压确认。烤肉时用锡纸包好可以充分利用余热。

小妙招 403 [保存方法] 将水分完全去除，用一张保鲜膜包起来冷冻

用于牛排的厚切牛肉片，要将表面的水分用厨房纸完全吸干之后，分小块用保鲜膜包好，与空气隔绝，放入冷冻保鲜袋冷冻保存。牛排做好后要趁热吃，否则会变硬。烤熟的牛排就不能再次冷藏保存了。

料理步骤

小妙招掌握度测试

苦恼时的补救小妙招

肉类

鱼类

鸡蛋·乳制品·大豆制品

蔬菜·白薯

蘑菇·海藻·水果

主食

饮料

牛肉薄片**

牛肉薄片是牛里脊、肋排、大腿、雪花肉等部位切成薄片的肉。稍微厚一点的可以做寿喜锅，非常薄的可以做涮肉。牛肉薄片很容易熟，做肉卷等其他料理也可以使用。

小妙招 404 [选择方法] 肥瘦相间均衡的肉适合用在寿喜锅和涮肉中

将牛肉里脊、大腿肉等切成薄片，选择吃瘦肉和脂肪型均衡、瘦肉的部分呈鲜红色、脂肪的部分呈白色或乳白色的新鲜牛肉。脂肪少的里脊部分，选择肉整体上颜色鲜艳的。如果肉变成了茶褐色，说明已经不新鲜了。

小妙招 405 [开始料理] 将冷冻的肉用锡纸包好，放入微波炉加热

如果将冷冻的薄切肉片直接烤，可能外面烤焦，中间还是生的。应该在开始料理的半天前就从冷藏室中取出，放在室温中自然解冻。如果直接用微波炉的解冻功能，只有肉的表面能解冻，应当用锡纸将肉包住后再按解冻键，肉的整体就都能解冻了。

小妙招 406 [开始料理] 煎薄肉片时，将肉放入平底锅中完全展开

料理薄肉片时，要将每一块肉平铺展开后再加热，如果将多块肉一起放入平底锅中，肉会成团不易熟透，也不容易入味。如果把每一块肉分别展开太麻烦，至少要把肉展开平铺。

小妙招 407 [开始料理] 做肉卷时在内侧撒一些面粉，这样肉就不会散开

做肉卷蔬菜的时候，撒过盐和胡椒之后，在肉的内侧撒上一些面粉，这样肉就不会散开。

小妙招 408 [保存方法] 调味后，切成合适的大小，炒熟之后再冷冻保存

放入酒酱油生姜调好味之后再将肉片冷冻保存，做料理时可以直接使用非常方便。如果切成一口大小炒熟，放入盐胡椒冷却之后放在金属托盘上，用保鲜膜盖住，留出一定间隔并排排列，再用保鲜膜包好快速冷冻。这样只需要解冻就可以在沙拉或者炖菜中使用。

牛肉碎肉**

牛肉的大腿、里脊等多个部位的肉集中在一起的牛碎肉。如果是同一个部位放在一起就叫作小肉片。碎肉做成土豆炖肉也会很好吃。

小妙招 409 [选择方法] 选择瘦肉鲜红色、脂肪呈乳白色或白色的肉

整体色泽鲜艳，瘦肉呈鲜艳的红色、脂肪部分呈白色或乳白色的是优质牛肉，购买时选择瘦肉和脂肪的比例均衡的。如果肉整体变成茶色，证明鲜度下降，要避免选择。

小妙招 410 [开始料理] 开始料理之前再给牛肉调味，提前调味肉会变硬

如果事先在牛肉上撒盐，会使肉质变硬，因此开始料理之前再撒上盐和胡椒调味即可，但也可以先用蜂蜜腌肉。做炖肉等炖煮料理的时候，可以提前在肉中加一些酱油和砂糖腌制，肉会变得更软嫩入味，非常好吃。

小妙招 411 [开始料理] 将调味料一起加入，肉就不会变硬

如果将调味料分别放入，肉汁容易流出，肉会变硬，容易烧焦，也不容易熟。好吃的秘诀是事先将调味料混合在一起，开大火快炒，将调味料一起放入，这样肉就不会变硬，做出的菜很好吃。

小妙招 412 [开始料理] 最适合做便当! 用碎肉做牛肉汉堡肉饼

将碎肉切成合适的大小放入塑料袋中，撒上盐、胡椒、鸡蛋、淀粉充分混合之后，团成椭圆的汉堡肉饼。

小妙招 413 [保存方法] 平摊之后用保鲜膜包好冷冻保存

将一次料理使用的分量用保鲜膜包好，放入冰箱冷冻保存，随时取用，非常便利。

47

料理步骤

小妙招掌握度测试

苦恼时的补救小妙招

肉类

鱼类

鸡蛋·乳制品·大豆制品

蔬菜·白薯

蘑菇·海藻·水果

主食

饮料

肉馅

鸡肉、猪肉、牛肉、混合肉。肉馅是将各种部位的肉绞碎混合。鸡肉、猪肉、牛肉的味道各自不同，肉馅的口感柔软，做汉堡、可乐饼、肉酱、饺子等，都是必不可缺的原料。

小妙招 414 [选择方法] 选择肉颜色均匀、没有变暗、肉质蓬松的肉馅

肉馅很容易变质，要仔细确认生产日期，尽量选择肉质蓬松、色泽鲜艳的肉馅。另外，脂肪部分过多加热之后肉会缩水，如果瘦肉部分过多会发散，要格外注意。

小妙招 415 [选择方法] 根据不同料理，选择不同种类的肉馅分开使用

肉馅要根据料理的不同区分使用，想要味道清爽，可以使用鸡肉馅做肉臊饭；猪肉馅比较柔软，适合做成肉丸子或汉堡排。牛肉馅的味道浓郁，可以做成汉堡排、肉馅儿牛排。肉馅还可以做饺子，多种料理都很适合。

小妙招 416 [开始料理] 要做出味道好的汉堡肉饼，关键是手掌整体用力

让汉堡排变得美味的秘诀是将肉馅用力捏合。捏好之后肉中的蛋白质会连在一起，即便加热也不会散开，口感非常好。用手掌整体用力捏合是关键。加入少量的盐，会让口感更加嫩滑。

小妙招 417 [开始料理] 做肉丸子可以使用塑料袋来轻松地捏好形状

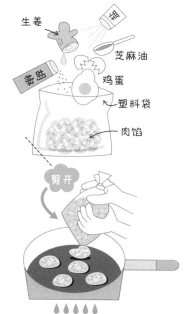

生姜
姜苗
芝麻油
鸡蛋
塑料袋
肉馅
剪开

做肉丸、肉饼时，用塑料袋包好，放入姜汁、盐、胡椒，如果做肉丸就放鸡蛋、芝麻油。完全混合之后，将袋子切出一个小口，将肉馅挤在平底锅中即可。

小妙招 418 [开始料理] 做肉臊饭时，在平底锅中将调味料和肉充分混合

做肉臊饭，将调味料和肉充分混合，是容易入味的关键。开火之前先要将调味料放入平底锅中充分混合，再直接加入肉馅即可，不用放油，调味料也能浸入肉中，还省去了洗碗的时间，非常方便。

小妙招 419 [开始料理] 改变调味料就可以尽享日式、西式、中式等各种口味的肉臊饭

只要改变肉臊饭的调味料就可以享受多重风味。加入酱油和酒，这是标准的日式肉臊饭；放入咖喱粉、番茄酱可以变成西洋风；如果放入味噌、豆瓣酱等就可以变为中式口味肉臊饭。加了番茄酱的肉臊饭，可以再放入章鱼，让口味变得更丰富。放入便当也非常合适。

小妙招 420 [开始料理] 做汉堡肉饼的原料，可以有多种变化

做汉堡肉饼的原料可以集中一起冷冻，使用在各种其他料理中，比如猪肉白菜卷、肉丸。也可以放入玉米浓汤、番茄汤，让味道更丰富，做成中国风的肉丸、肉卷或裹上炸粉做成炸肉排也非常好吃。

小妙招 421 [开始料理] 用豆渣代替面包屑，做更健康的炸肉饼

说到健康的肉饼，最有代表性的就是用豆腐来做的了。要将豆腐的水完全去掉非常麻烦，这里推荐用豆渣来做汉堡排。使用普通的做汉堡的材料，用豆渣代替面包屑即可。做得好吃的秘诀是，肉馅的分量和豆渣的分量要大致相同。

小妙招 422 [保存方法] 摊薄平铺，用筷子压出小格冷冻，使用起来非常方便

将放入冷冻保存袋的肉馅平摊，将空气挤出，将开口封好，用筷子压出横向和纵向线后冷冻，使用时分成小份，按照折线取出，非常方便，剩下的部分再次密封放入冷冻室即可。

小妙招 423 [保存方法] 冷冻迷你汉堡可以使用在各式料理中

将汉堡肉饼的可用原料直接冷冻起来，但是做成迷你汉堡排再冷冻，就可以用在汤等其他料理中，非常方便。将迷你汉堡肉饼并列放置在金属托盘上，放入冷冻保存袋中冷冻。汉堡肉饼加热后再用保鲜膜包起来冷冻也可以。

火腿 培根 香肠 ＊＊

将火腿切成薄片可以做沙拉，切成厚片可以做烤火腿。培根熏制后脂肪会产生香味，适合做汤，可以充分利用其中的盐分。香肠加热之后更好吃。

小妙招 424 [选择方法] 要选择颜色鲜艳带有水分光泽的火腿片

火腿片颜色鲜艳水润表示比较新鲜，在真空包装中不易看清，要仔细确认火腿的颜色和新鲜程度。此外，如果是无骨的火腿肉，瘦肉部分比较多、肉质纤维较细，要尽量选择弹性适中，较为柔软的，颜色与三文鱼接近。

小妙招 425 [选择方法] 高品质的培根，瘦肉和脂肪部分清晰地分为三层

培根由猪肋骨熏制而成，高品质的猪肋排，又称为"三枚肉"，瘦肉和脂肪部分相交重叠，成为漂亮的三层结构。选择培根时先要确认瘦肉和脂肪的分层是否为三层，这样的肉不仅味道好，肉质也较为柔软。同时要仔细确认肉纤维的细腻程度。

小妙招 426 [选择方法] 香肠类产品要仔细检查生产日期

香肠熏制加工的食品。对于加工过的成品肉类，比起新鲜程度，更要在意的是生产日期和赏味期限，如果不是买回来立即料理，更要多加注意。

小妙招 427 [开始料理] 将火腿稍微加热，搭配水果一起吃也非常美味

火腿是猪肉的加工肉类，猪肉脂肪开始融化的温度是 35～37 度。厚片的火腿可以做成炖猪肉，非常好吃。将苹果或者菠萝切成薄片放在烤过的火腿上一起吃，味道非常美妙。火腿的咸味和水果的酸味搭配融洽。

小妙招 428 [开始料理] 做出脆脆的培根的简单小诀窍

厨房纸
包住后放入微波炉加热

将 4～5 片培根放在厨房纸上包住，在微波炉中加热约两分钟，再直接放入平底锅中煎，就能做成脆脆的培根了。

小妙招 429 [开始料理] 做便当、开派对都用得上的花式动物香肠

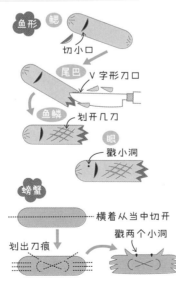
鱼形　鳃　切小口　尾巴　V 字形刀口　鱼鳞　划开几刀　眼　戳小洞　螃蟹　横着从当中切开　划出刀痕　戳两个小洞

花式动物香肠的代表是章鱼香肠，但除此之外还有很多做法。要将香肠做成鱼的形状，可以在头部切开一个小口，在尾部切成 V 字形，在身上划几刀，戳一个小洞即可完成。做螃蟹也非常简单。

小妙招 430 [开始料理] 健康美味的煮香肠用微波炉也可以立即做好

将香肠料理得健康而多汁，用微波炉来做就非常简单。将一根香肠纵向切开，放入耐热的碗中。在微波炉中加热至水沸腾即可，煮沸的水可以将肉中的脂肪去除，使味道变得清爽。

小妙招 431 [开始料理] 在生火腿上放上果酱，一道简单的前菜就完成了

可以将甜的水果放在生火腿上，带出火腿的咸味，非常美味。将法式面包切成薄片，放上生火腿，再放上草莓果酱、橘子果酱等各类果酱，就能成为一道美味的前菜。

小妙招 432 [保存方法] 火腿、培根 2～3 片重叠在一起，用保鲜膜包好冷冻

生火腿要 2～3 片叠放在一起，培根要展开后将 2～3 片重叠在一起，用保鲜膜包好，放入冰箱冷冻保存，切成方便使用的大小再冷冻也可以。使用时在室温中解冻即可。

小妙招 433 [保存方法] 香肠要切成方便使用的大小再冷冻

将香肠切成小段或者是斜着切开，用保鲜膜包好，放入保存袋冷冻保存即可，可保鲜约 1 个月。使用时，在室温中自然解冻即可。

料理步骤

小妙招掌握度测试

苦恼时的补救小妙招

肉类

鱼类

鸡蛋·乳制品·大豆制品

蔬菜·白薯

蘑菇·海藻·水果

主食

饮料

鲑鱼 ✽✻

鲑鱼进口的比较多。虽然到了年底也有鲑鱼，但还是秋季 10～11 月的鲑鱼最好。鲑鱼的油脂丰富味道鲜美，做成烤鱼，或放入锅中煮熟，放入寿司、沙拉、意大利面等各种料理中都非常方便。

小妙招 434 [选择方法] 选择皮呈银色、肉质呈鲜艳的橘色、带有白色脂肪纹路的鲑鱼

鲑鱼块要选择整体带有光泽、皮呈银色、肉质呈鲜艳的橘红色的。如果是红鲑鱼，肉质是更浓郁的红色。鱼块脂肪纹理分明、带白色纹路。如果是一整条，选择鱼鳞带有光泽，整体有弹性，鳃部呈鲜红色的鱼。

小妙招 435 [预先处理] 做甜辣腌鱼肉和咸鲑鱼时可以放入橘子切片

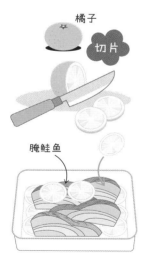

橘子
切片

腌鲑鱼

去除腌鲑鱼中多余的盐分，一般的做法是用盐水浸泡。水分太多会让鲜味流失，应 2 杯水对应 1 小勺食盐，浸泡 2～3 小时，这样可以将鱼中的盐完全去除。另外一种将盐去除的方法是用橘子。将切成薄片的橘子并排排列，放上咸鱼块后再放上一层橘子切片，用保鲜膜包好放置半天至两天左右，再放入冷藏室。稍微尝一下味道就知道效果如何了。

小妙招 436 [开始料理] 生鲑鱼事先用盐腌制，美味加倍!

想让生鲑鱼的美味提升，要用盐事先腌制。加盐后，腥味会随水分一起去掉，令肉质更加紧实。同时在鱼的全身均匀洒一些酒。放置 10 分钟左右，用厨房纸将水分吸干再烤，就能做出美味十足，肉质软嫩的烤鲑鱼了。

小妙招 437 [开始料理] 用味噌、日本酒腌制时，把多余味噌、酒粕去掉不容易烤焦

做味噌或酒腌鱼，稍微烤制后就很美味，但是很容易烤焦，很多人觉得不容易制作。烧焦的原因是表面留有味噌或酒粕，只要用刀轻轻刮掉即可，用厨房纸擦掉也可以。味道充分浸入鱼肉之后，即使去掉表面部分也会很好吃。

小妙招 438 [开始料理] 用牛奶浸泡再加黄油，可以做出正宗的法式黄油烤鱼

做美味的黄油烤鱼，要先将鱼放入牛奶或者酸奶中浸泡 20 分钟左右，既可以去除鱼的腥味，也可以让鱼和黄油的味道完美融合。浸泡后将鱼放入平底锅，用色拉油两面煎熟，再加入黄油就不容易烤焦了。平底锅中剩下的油可以加入白葡萄酒、柠檬汁、黄芥末酱，稍微炖煮一下，淋在鱼上即可。

小妙招 439 [开始料理] 将鲑鱼做成法式腌鱼，可以用在各种料理中

将鲑鱼放入带拉链的密封袋中，放入法式腌渍液、洋葱和柠檬切片，可以做成法式腌鱼，放入其他料理中立即使用，非常方便。配上柠檬，做成沙拉，还可以将整块鲑鱼用锡纸包住烤制。如果加上奶酪等放入烤箱，可以让口味更丰富。

小妙招 440 [开始料理] 鲑鱼的皮油炸后变脆，可以当作零食

建议将鲑鱼带皮食用，鱼皮中富含维生素 B。去除皮上的多余水分，直接油炸也可以，油炸后变得酥脆的鱼皮可以当作零食。如果皮上带有鱼鳞，要先去除后再进行料理。

小妙招 441 [保存方法] 烤过后再用酱油和酒浸泡冷藏保存

将鲑鱼切块烤制过后（不要烤焦），放入具有一定深度的容器。放入分量大致相当的酱油和酒，调成腌制用的料汁，倒入容器中，没过鱼身的一半左右。将鲑鱼翻面，等两面完全浸透入味之后放凉，再用保鲜膜包好放入冷藏室。在冷藏室中，约可保存两个月左右。

小妙招 442 [保存方法] 将鲑鱼切块，一块块分开用保鲜膜包住冷冻保存

直接在腌鲑鱼上倒一些清酒，撒上盐，一块块分开用保鲜膜包好，直接放入冰箱冷冻保存即可。鲑鱼冷冻后味道也不会受损，可以放心。

小妙招 443 [保存方法] 腌鲑鱼烤过之后压碎，再冷冻保存

腌鲑鱼可以将肉压碎之后放入保鲜袋冷冻保存，使用的时候非常方便。

烤鲑鱼也可以在放凉之后平铺，装入袋中放冷冻保存。

秋刀鱼 *

秋天正是产秋刀鱼的时节，从初夏开始就有秋刀鱼上市了。油脂丰富的秋刀鱼味道美妙，冷冻之后味道也不会打折扣。盐烤秋刀鱼既简单又美味，煮秋刀鱼、炸秋刀鱼也非常好吃。

小妙招 444 [选择方法] 新鲜的秋刀鱼，背部和腹部的青色部位发亮

选择鱼身肉质紧实、有弹性的秋刀鱼。新鲜的鱼背部呈青色，腹部呈白色，外皮银亮，拿在手里，就能感觉到肉质紧实。此外，要仔细检查是否嘴部呈黄色或橘红色、眼睛黑色透亮、腮部呈鲜红色、腹部有弹性。此外，头比较小的鱼油脂更丰富。

小妙招 445 [预先处理] 秋刀鱼买回之后，撒上盐再储存更佳

将秋刀鱼买回来之后，在鱼身整体撒上盐，既可以保持新鲜，也更入味。如果不立即使用，可以将内脏清理干净，用保鲜膜包好，放入冷冻保存袋急速冷冻。

小妙招 446 [预先处理] 将秋刀鱼展开，用剪刀将头部和内脏处理掉

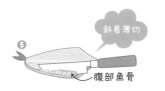

用厨房剪刀把秋刀鱼的头部剪掉，将腹部切开，取出内脏。伸进大拇指，直接把鱼展开，中间的鱼骨去除，再用菜刀将腹部的鱼骨去除。

小妙招 447 [预先处理] 将秋刀鱼展开之后切成适当的大小，用盐水去腥味

完全展开后的秋刀鱼，切成适合吃的大小，用与海水浓度接近的盐水，浸泡5分钟左右即可。这样做鱼的腥味就会消失，肉也会更紧实好吃。

小妙招 448 [预先处理] 用厨房剪刀将秋刀鱼剪成合适吃的大小

将秋刀鱼切段时，用厨房剪刀更加便利。将秋刀鱼剪成适合吃的大小，用手取出内脏后仔细清洗即可。用报纸垫着收拾起来更简便。

小妙招 449 [开始料理] 盐烤秋刀鱼，用半只比一整只更容易熟

做盐烤秋刀鱼的时候，用水将鱼洗净，从尾部切开半条，肉质较厚的部分用菜刀切开小口，这样更容易熟。不用取出内脏也可以。此外，撒上盐，放置15分钟左右再烤，会更入味，让美味立刻升级。

小妙招 450 [开始料理] 盐烤秋刀鱼，从摆盘时放在内侧的一边开始烤

摆盘的时候，将鱼头放在左侧是常识。因此，把秋刀鱼放在烤架上烤时，要从摆盘时放在内侧的一边开始烤，成品比较好看。如果是用平底锅，从摆盘时放在外侧的一边开始烤更漂亮。

小妙招 451 [开始料理] 使用压力锅炖秋刀鱼，让骨头也变得酥软

做酱油炖秋刀鱼等炖煮料理的时候，用压力锅更便捷。将秋刀鱼的头部剪下，放入压力锅即可。连骨头都变得酥软，可以整条吃掉，味道鲜美，肉质柔软。

小妙招 452 [开始料理] 用平底锅煎秋刀鱼时加醋，鲜味会大大提升

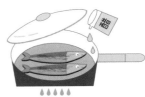

用平底锅将鱼的两面煎熟，将多余的脂肪用厨房纸吸掉。滴入少量的醋，盖上锅盖，蒸一会儿，醋会让秋刀鱼味道更清爽，鲜味也会大大提升。

小妙招 453 [保存方法] 将内脏取出，撒上盐，烤过之后再冷藏

整条的秋刀鱼容易变质，还新鲜时吃完最好，但如果剩下，可以将鱼的内脏取出，洗净控干，用保鲜膜包好，放入带拉链的保存袋中冷藏保存。

将盐烤秋刀鱼放凉之后，用保鲜膜包好再冷藏也不错。还可以把鱼肉取下压碎，放入密封容器中保存。

料理步骤

小妙招掌握度测试

苦恼时的补救小妙招

肉类

鱼类

鸡蛋·乳制品·大豆制品

蔬菜·白薯

蘑菇·海藻·水果

主食

饮料

沙丁鱼 **

沙丁鱼是油脂丰富、富含DHA和EPA的青色鱼，时令季节是5～8月。处理起来也非常简便，可以简单地将鱼身展开，做西式腌鱼、炖沙丁鱼、炸鱼、鱼丸等都不错，适用于各式料理。

小妙招 454 [选择方法] 选择带有光泽、肉质有弹性、眼睛清澈的鱼

新鲜的沙丁鱼肉质紧实，闪着青色的光泽，眼睛清澈，腹部丰满，肉质带有弹性。如果眼睛周围发红，腹部裂开，证明鱼不够新鲜，要尽量避开。

小妙招 455 [预先处理] 将沙丁鱼展开，用水清洗

处理沙丁鱼的基本方法是将鱼身展开，用厨房剪刀操作，非常简便。先将头及肩下将腹部切开，将内脏取出，仔细清洗。将水分彻底控干后，将拇指压住鱼骨直接展开，将骨头取出之后，再将腹部的骨头切下（→见小妙招446）。将鱼身展开之后用水轻轻冲洗，如果洗得太用力会让美味流失，要格外注意。

小妙招 456 [开始料理] 用菜刀剁碎，然后调味，即可简单地做成鱼丸

如果有电动料理机就可以轻松地做出沙丁鱼的鱼丸，如果没有，用菜刀将鱼肉彻底剁碎即可。剁鱼肉馅的步骤完成之后，在碗中放入沙丁鱼、盐、淀粉、酒、生姜、鸡蛋、味噌等，彻底混合均匀。

小妙招 457 [保存方法] 将头部去掉，内脏清理干净，鱼头向下立着冷藏

把鱼头切掉之后，去除内脏，彻底清洗，放在桶形的容器中。垫上几枚厨房纸，将鱼的头向下放置。用保鲜膜包好放入冷藏室，厨房纸会吸去鱼中的血，次日仍然可以保持新鲜。

小妙招 458 [保存方法] 鱼身展开后，将鱼分别用保鲜膜包好，冷冻保存

建议在沙丁鱼冷冻保存之前，将鱼身展开，撒上一些盐，一条一条分别用保鲜膜包好，放入专用保存袋快速冷冻保存。

竹荚鱼 **

竹荚鱼全年都可以捕获，时令季节为5～7月。肉质肥美没有腥味，鲜味十足。除了盐烤，晒干，新鲜的竹荚鱼只将表面微烤或在铁板或铁网上烤着吃也不错。

小妙招 459 [选择方法] 选择圆润丰满，带有光泽的鱼，眼睛呈红色说明不新鲜了

选择整体紧实有弹性、带有青色光泽的鱼。鱼身圆润丰满，表示鱼的品质较高。鲜度下降后，鱼眼会变得浑浊，眼睛周围会变成黑红色，此外鳃部还会有血渗出。

小妙招 460 [预先处理] 整条使用的时候要将内脏和鱼鳍去除。

用水将鱼洗净后，把尾鳍（靠近尾部的硬实部分）用菜刀切下。用菜刀将鱼鳞刮掉，伸手将腮泡取出，腹部用刀切开后，取出内脏用水洗净，将水分控干。

小妙招 461 [开始料理] 盐烤生鱼要做得好看，秘诀是"舞蹈串"和"化妆盐"

要想把盐烤生鱼做得漂亮，可以让鱼身稍微弯曲后，用金属串穿起来，让鱼看起来像在游泳一样。烤之前在背部和尾部撒上盐，这又叫作"化妆盐"。用盐腌过后，鲥鱼不容易烤焦，形状也可以保持完整。只要稍微费些功夫，就可以让盐烤鱼的外表大大提升，一定要试一试。

小妙招 462 [开始料理] 剔下的鱼骨头放在一起，可以做成仙贝

处理完鱼，剩下的骨头不要扔掉，做成仙贝会很好吃。用厨房纸将水分彻底吸干后，用中火油炸，变成焦黄色后转为强火，即可以炸得酥脆，只要放酱油和盐就能成为一道美妙的零食。

小妙招 463 [保存方法] 冷冻之前要将腮部和内脏去除

把新鲜鱼的腮部和内脏去除之后，仔细洗净，分别用保鲜膜包起来急速冷冻。在冷冻室内可保存一个月左右。切分好的鱼肉放在一起，每块都用保鲜膜包起来，以同样的方法冷冻。解冻后，做成西式腌鱼使用非常便利。

料理步骤

小妙招掌握度测试

苦恼时的补救小妙招

肉类

鱼类

鸡蛋·乳制品·大豆制品

蔬菜·白薯

蘑菇·海藻·水果

主食

饮料

鰤鱼 **

鰤鱼中富含 DHA、EPA 等成分，以及丰富的维生素 B。11 月至次年 2 月 10 日是鰤鱼的时令季节。天然的鰤鱼味道鲜美，养殖的油脂更多。照烧、炖煮都是常见的做法。

小妙招 464 [选择方法] 鱼块要选择色泽鲜红、鱼身没有裂开的

鰤鱼的特点是天然的呈淡粉红色，养殖的颜色发白。但无论是天然或者养殖的，都要选择颜色鲜艳、切面整齐、肉质具有弹性的，这样的鰤鱼比较新鲜。肉质不新鲜之后，鱼肉会变成褐色开裂。此外要选择包装袋中没有血水流出的鱼。

小妙招 465 [预先处理] 炖鰤鱼的时候要先用热水烫一下，去除腥味和多余脂肪

做萝卜炖鰤鱼的时候先要用食用盐腌渍，之后清洗去除里面的血。用热水烫一下，再用凉水冷却，此时用手将剩下的鱼鳞和血也一起去除。这样做可以去掉腥味和多余的油脂，炖汤时就不会有多余的脂肪，非常好吃

小妙招 466 [开始料理] 养殖的鰤鱼，可以涮火锅，口味清爽

养殖的鰤鱼与天然的相比油脂较多，所以颜色发白。做刺身会太油，很多人不喜欢，但做成昆布汤底的火锅，就可以将多余油脂去掉，美味而清淡。

小妙招 467 [预先处理] 不用事先沾酱汁。最后放入酱汁，就不容易烧焦

做照烧鰤鱼，如果先沾酱油、味淋等酱汁，在平底锅中容易烧焦，把鰤鱼两面煎熟之后再放入酱汁，就不容易烧焦。

最后放入酱汁

小妙招 468 [保存方法] 将鰤鱼切小块用保鲜膜包好冷冻保存

将鰤鱼切块冷冻保存前，先用厨房纸将水分彻底吸干，分成小块用保鲜膜包好急速冷冻，再放入专用保存袋冷冻保存。此外，加入酱油、砂糖、酒、生姜腌渍过后，同样分成小块包好冷冻。解冻之后，只要煎一下，即可成为一道美味料理。

鲭鱼 **

鲭鱼的血中富含能够使胆固醇下降的 DHA 和 EPA。秋天是新鲜鲭鱼的季节。鲭鱼容易腐坏，要立即料理，或冷冻保存。适合做盐烧、盐渍、味噌炖鲭鱼、"龙田炸"等。

小妙招 469 [选择方法] 鱼身有光泽、圆润丰满、眼睛清澈的更新鲜

买一整条鲭鱼时，要选择整体有光泽、圆润丰满、眼睛圆而清澈的。鱼的眼睛变红变浑浊、身体变软是鲜度下降的表现。

购买鲭鱼切块时，血色鲜红、表皮有光泽、身体颜色漂亮的品质更佳。

小妙招 470 [预先处理] 浸一下盐水让鱼身紧实，酒和蛋黄酱能去腥

鲭鱼是最容易变质的一种鱼，浸一下盐水让鱼身紧实，这样也有助于去除鱼腥味，但还可以用酒、牛奶、生姜、梅干去除鱼腥。

此外，做鲭鱼味噌煮的时候可以加一些蛋黄酱来去除腥味，并且能让味道的层次更丰富，一定要试一试。

小妙招 471 [预先处理] 让鱼更容易熟、更入味，可以在鱼身上划出刀痕

在鱼身上划开两处刀痕，十字切口也可以。这样在烤鱼时，鱼身更容易熟，炖煮时也更容易入味。

小妙招 472 [开始料理] 做味噌鲭鱼时分两次放入用大火煮是诀窍

做味噌鲭鱼煮的关键是：在平底锅中放入味噌等调料，倒入酱油烧至沸腾，将用水煮过的鲭鱼放入，大火炖煮，烧出焦痕后再次放入味噌。用大火是为了防止鱼块煮时间长了形状散掉，分两次放入味噌可以避免烧糊。

小妙招 473 [保存方法] 做好的酱油鲭鱼或味噌煮鲭鱼，可以冷冻保存

如果把生的鲭鱼直接冷冻，解冻后美味会流失，做成酱油鲭鱼或味噌煮鲭鱼再冷冻更好。解冻后，更容易料理，腥味也能明显去除。做酱油鲭鱼的方法非常简单！将调味料放入金属托盘，把切好的鱼块放上浸渍入味即可。

料理步骤

小妙招掌握度测试

苦恼时的补救小妙招

肉类

鱼类

鸡蛋·乳制品·大豆制品

蔬菜·白薯

蘑菇·海藻·水果

主食

饮料

金枪鱼 **＊**

大部分金枪鱼都是冷冻的。部位不同，油脂的含量和味道也不同。做刺身是最适合不过的了，也可以做成美味的汉堡排。

小妙招 474 〔选购方法〕 买鱼的时候选择完全冷冻或半冷冻的，要仔细看清鱼身纹路

最好的鱼肉纹路是纵向的平行线。一般解冻的金枪鱼会流出肉汁、颜色变暗，所以要选择冷冻或者半冷冻的金枪鱼，如果不是立即要吃，一定要放回冷冻室。鱼的纹路呈纵向平行的最佳，环形纹路就不太理想。

小妙招 475 〔开始料理〕 切金枪鱼时，用拉菜刀的手法切成厚片是诀窍

做刺身的时候，将肉放在跟前，从一角开始斜着入刀，用拉菜刀的手法处理。如果压着肉切，容易让肉的形状塌掉。此外，赤身金枪鱼如果切成薄片会失去弹牙口感，一定要切厚片。

小妙招 476 〔开始料理〕 金枪鱼的碎肉可以切成肉末，做汉堡肉饼

肉筋较多，价格比较便宜的金枪鱼碎肉，用料理机处理最方便，也可用菜刀切成细细的肉末，做法与普通的汉堡肉饼一样，煎一下就会很好吃。另外还可以做成肉丸，味道清爽而且非常健康。

小妙招 477 〔开始料理〕 腌渍的诀窍是不要腌渍过头

如果吃腻了金枪鱼的刺身，做成腌鱼也不错。放入酱油、味淋、生姜调和的腌渍汁，浸泡5～8分钟左右，浸泡时间过长会变得太咸，需要格外注意。如果不是立即食用，要将金枪鱼放入密封容器后冷藏，冷冻也可。

小妙招 478 〔保存方法〕 分成小块，用保鲜膜包好冷冻保存

冷冻金枪鱼的肉块时，要将多余的水分用厨房纸去掉。切成适当的大小，分成小块，用保鲜膜包好，放入专用保鲜袋冷冻保存即可。

鲷鱼 **＊**

鲷鱼有很多种类，最受欢迎的是真鲷。鲷鱼的时令季节是春天，但在红叶时节也很美味。鲷鱼的味道较淡，但风味十足，身体呈白色，做刺身，用盐烤或者做炖菜都可以。

小妙招 479 〔选择方法〕 选择整条鱼肉质较厚，鱼身带有光泽，外表整齐的

天然的鲷鱼颜色呈鲜艳的红色，养殖的鲷鱼的外皮颜色稍微暗一些。无论是养殖的还是天然的鲷鱼，都要选择肉质较厚的，整体带有光泽透明感的鱼更新鲜。

小妙招 480 〔预先处理〕 在塑料袋中将鱼鳞刮下，就不会乱飞

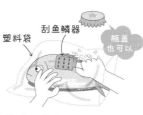

塑料袋 刮鱼鳞器 瓶盖也可以

将鱼放在塑料袋中进行操作，鱼鳞就不会乱飞。鲷鱼的鱼鳞较硬、较大，用刮鱼鳞器最方便，用瓶盖也可以。

小妙招 481 〔开始料理〕 做刺身的时候，将刀向内推，切成薄片

刺身切片的诀窍是用菜刀从外向里推着切。不能用切蔬菜的方法，会破坏鱼身形状。此外，鲷鱼属白色鱼，和其他鱼相比，死后僵硬的时间较长，肉质紧实、口感弹牙，切成薄片是标准的做法，如果切成厚片不容易嚼。

小妙招 482 〔开始料理〕 用昆布夹鲷鱼，做刺身和卡巴乔皆可

先在用水泡过变软的、做汤底用的昆布上撒盐。将鲷鱼切成块放在昆布上再撒盐，再放上一块昆布，将鲷鱼夹住。用保鲜膜包好后放入冷藏室，几小时后，昆布夹鲷鱼就完成了。用来做薄片刺身，或做成"鲷鱼卡巴乔"都很好吃。

小妙招 483 〔保存方法〕 鲷鱼切要分小块用保鲜膜包好

冷冻保存鲷鱼的切块前，要用厨房纸将水分彻底吸干，分成小块，用保鲜膜仔细包好，放入专用保鲜袋急速冷冻。此外用昆布夹鱼冷冻保存也很不错。

料理步骤

小妙招掌握度测试

苦恼时的补救小妙招

肉类

鱼类

鸡蛋·乳制品·大豆制品

蔬菜·白薯

蘑菇·海藻·水果

主食

饮料

鳕鱼 **

鳕鱼的种类很多，包括真鳕、狭鳕等，12月到次年2月是时令季节。鳕鱼的肉质柔软、容易变质，味道清淡，适合做成锅料理和炖煮料理，做奶油炖菜也非常合适。

小妙招 484 [选择方法] 呈淡粉红色、带水润光泽的鳕鱼切块的是新鲜的

鳕鱼比较容易变质，要尽量选择新鲜的购买。选购切块的鳕鱼时，要选择身体呈淡粉色、带有透明感，切口带有水亮光泽的。如果肉质不新鲜，透明感会消失，鱼身和鱼皮也会发白，要仔细检查。

小妙招 485 [开始料理] 与蛋黄酱混合在一起做成奶油炖菜，也非常好吃

鳕鱼的颜色偏白，适合与蛋黄酱、白酱搭配。在鳕鱼上加上盐、酒，放进微波炉中加热，将鱼肉碾碎之后，加入蛋黄酱混合均匀就很好吃了。做成沙拉、涂在面包上也不错。此外，和蔬菜一起做成奶油炖菜，味道清淡的鳕鱼与浓郁酱汁的搭配均衡，非常美味。

小妙招 486 [开始料理] 吃之前再放入，只要稍微加热一下就好

鳕鱼很容易熟，形状不易保持完整。做锅料理时如果提前放入，咕嘟咕嘟的开水会将鱼肉煮碎，所以吃之前再放入，只要稍微加热一下就好。

小妙招 487 [保存方法] 将味噌腌鳕鱼冷冻保存，随时取用

将味噌腌鳕鱼冷冻保存，解冻后只要再煎一下即可，制作的方法也非常简单。在保鲜膜上放上味噌、味淋，充分混合后涂在鱼身上，将鱼块包好，让鱼身整体均匀地沾上味噌，急速冷冻。放入专用保存袋冷冻保存。

小妙招 488 [保存方法] 鳕鱼切块儿要分小块用保鲜膜包好，冷冻保存

将鳕鱼切块冷冻保存时，要用厨房纸将水分彻底吸干，分成小块，用保鲜膜包好，急速冷冻。放入专用保存袋冷冻保存。

鲽鱼 **

鲽鱼有很多种，一般家庭使用的是真子鲽鱼，6~9月是时令季节。鲽鱼味道清淡，没有腥味，鱼身呈白色。做炖鱼、炸鱼、黄油烤鱼都不错，适合用在多种料理中。

小妙招 489 [选择方法] 要选择从头至尾肉质都比较厚的鲽鱼

购买整条鲽鱼时要选择肉质较厚、有光泽的，触摸时感觉肉质较硬的更好。腹部有透明感，偏白，证明比较新鲜。此外，腮部要呈鲜艳的红色，变成粉色或茶色的说明不太新鲜。选购冷冻切块时要挑选肉质较厚的。

小妙招 490 [预先处理] 去除鱼鳞，打开鳃盖，去除内脏后清洗

购买鱼切块的时候不需要自己处理，但购买整条鱼的时候要先去掉鱼鳞，用菜刀刀背轻刮即可。接着将菜刀放入鳃盖，取出腮泡。然后将白色的腹部向上，在胸部下面切开刀口，将内脏取出。用流水洗净之后，切成三块即可。

小妙招 491 [开始料理] 炖鲽鱼时沿着骨头，划几刀更容易入味

外皮呈黑色的鲽鱼，肉质更厚实，在鱼身上划几刀更容易熟，切成十字刀痕也不错，但沿着骨头横着切两三刀，鱼骨的美味更易流出，也更容易熟。更不用说盛盘的造型也会非常漂亮。

小妙招 492 [开始料理] 将鲽鱼切块之后，在锅底放上筷子，炖煮时形状可保持完整

一次性筷子

煎炒铲

在平底锅底平行放上四根一次性筷子，将鱼放在上面，鱼身整体会浸入汤汁的味道，也不容易粘到锅底，取出时也很简单，用铲子翻面，非常简便。

小妙招 493 [保存方法] 预先处理之后用保鲜膜包好了急速冷冻保存

鲽鱼也很适合冷冻，长期冷冻保存的方法如下：预先处理（→与小妙招490相同）之后，将鲽鱼上撒上盐用保鲜膜包好急速冷冻，放入专用保存袋冷冻保存。保存炖鲽鱼时，用保鲜膜包好冷冻就可以了。

料理步骤

小妙招掌握度测试

苦恼时的补救小妙招

肉类

鱼类

鸡蛋·乳制品·大豆制品

蔬菜·白薯

蘑菇·海藻·水果

主食

饮料

乌贼

乌贼是低脂肪高蛋白的食材。最常见的是松乌贼，5~9月是时令季节。乌贼的颜色较白，可以做刺身、炖煮、炸制，在日式、西式、中式料理都可以使用。加工成咸辣的零食也很好吃。

小妙招 494 [选择方法] 新鲜乌贼呈茶色或黑色，眼睛清澈，肉质有弹性

判断乌贼新鲜的关键点是眼睛清澈、身体呈茶色。新鲜的乌贼带些红褐色，眼睛黑而清澈，较突出。身体有弹性，（三角形的外壳）肉质较硬是优质的表现。身体发白、眼睛污浊的乌贼不够新鲜，要避免选择。

小妙招 495 [预先处理] 将乌贼身体和腿部去掉，用两只筷子就能轻松处理

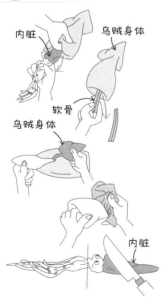

将手指伸入乌贼的身体，拽住乌贼的脚，将内脏取出。①将身体内侧的软骨取下；②抓住乌贼的外壳，将皮拽下，可以将乌贼的皮去除。之后，将内脏（肝）和眼睛的部分切掉，用手指去除嘴部（偏硬的茶色部分）就完成了。

小妙招 496 [预先处理] 剥皮后用厨房纸巾擦拭，乌贼就能变得光滑

要去掉黏黏的乌贼外皮，可用干布或厨房纸在皮的表面擦拭，将表皮去掉。即便中途皮断开也无妨，用布或厨房纸，继续擦拭即可将皮完全褪掉。

小妙招 497 [预先处理] 去皮后再过水洗味道会变差

用水洗过之后乌贼的味道会变差，因此剥皮之后，不要用水再次清洗。预先处理完毕之后，只要稍微冲一下即可，避免二次清洗。

小妙招 498 [开始料理] 炒乌贼不变硬的诀窍是不要炒过火

乌贼炒过火，肉质会变硬，因此强火快炒是关键。用八成左右的火力快炒后立即关火，稍微有些生也无妨，余热会使乌贼完全熟透。

小妙招 499 [开始料理] 做天妇罗时，在皮上划出刀痕，就不容易溅油

纵横切出刀痕

水分多的乌贼，做炸物时容易溅油。将表皮去除，在上面划出纵横的刀痕，切成适当的大小再料理。这样裹上炸粉后下锅，就不容易溅油。

小妙招 500 [开始料理] 炸制之前先放入微波炉加热，再下锅油炸，危险度为零

炸乌贼时使用微波炉就不用担心溅油了。在乌贼表面纵横划出刀痕，再切成适当大小。裹上面包屑后放入耐热容器，放进微波炉中加热。在微波炉中加热时间不要过长，油炸时间比平时短一些即可。这样做不容易溅油，也能做出非常好吃的炸乌贼。

小妙招 501 [开始料理] 乌贼刺身要沿着其纤维垂直的方向切细

乌贼的身体的纤维呈平行的走向，做刺身时要将纤维切断。标准做法是垂直于纤维纵向切细。这样做刺身的口感会更好。

小妙招 502 [开始料理] 味道浓郁的内脏，可以做料理或加工品灵活使用

预先处理时，取出的内脏（肝脏），味道鲜美浓郁，不要丢掉，可以活用在料理当中。将内脏与酱油和酒混合之后，涂在乌贼的表面烧烤，或加入炖煮料理，让美味再升华。此外，在内脏中加入味淋、味噌，充分搅拌，与用盐浸泡过的乌贼混合，放置一晚后，一道咸辣乌贼的小食就简单地完成了。

小妙招 503 [保存方法] 将身体和脚部分开，腌制入味后冷冻保存

买来的乌贼，首先完成预先处理（→方法同小妙招495），之后将身体和脚部分开，分别用保鲜膜包好后放在金属托盘上，再盖上一层保鲜膜，急速冷冻，放入专用保存袋冷冻保存。此外，预先处理之后将身体部分切成环状，划出纵横的刀痕后放入专用保存袋。在袋中放入酱油、腌汁和酒充分混合，将空气挤出后再冷冻。

章鱼 **

章鱼中有丰富的氨基酸，热量又低。最常吃的品种是真章鱼，时令季节是5~9月。章鱼可以用在各式料理中，做成刺身、油炸、西式腌章鱼、咸辣章鱼都不错。

小妙招 504 [选择方法] 日本的章鱼煮熟后呈红豆色，进口的章鱼呈粉红色

日本久里浜和明石出产的真章鱼，煮熟后呈漂亮的红豆色。新鲜的章鱼肉质具有弹性，劲道十足。出现黏液的章鱼不新鲜，要避免购买。非洲产章鱼煮后呈粉红色，与日本的相比，经过冷冻处理香味不足。

小妙招 505 [开始料理] 做章鱼刺身，要横向入刀，将章鱼切成薄片

做刺身的时候要将章鱼脚切成薄片。将菜刀向右倾斜，每块厚度约为4毫米。

小妙招 506 [开始料理] 要将章鱼表面的黏着物质用盐去掉，用水洗净再料理

整只煮生章鱼的时候先要放盐，洗净表面的黏着物质，然后在水沸腾之后将章鱼脚整只放入开水。半生的状态就很美味！此外，新鲜的章鱼切片做成刺身也非常好吃。

小妙招 507 [开始料理] 大块章鱼+黄瓜+韩国泡菜，简单的一道小菜就完成了

把市面上卖的煮章鱼切成大块，和黄瓜的切块、韩国泡菜一起混合，立即变成了一道小料理，和啤酒非常搭配。如果不把章鱼切成大块而切成细丝，就将黄瓜也切成薄片，将韩式泡菜切碎，流出的汤汁可以当作泡菜汁浇在上面。

小妙招 508 [开始料理] 做炸章鱼的关键是暗刀和火候

做炸章鱼时，表面黏糊糊的，裹好的炸粉脱落的情况时有发生。要先将章鱼切成大块，切得稍微薄一些。在鱼身多处划上暗刀是小诀窍，这样做炸粉容易附着。此外，用厨房纸将水分彻底吸干，再裹上炸粉，开大火迅速油炸，炸出的章鱼会非常酥脆。

小妙招 509 [开始料理] 想要章鱼更柔软，放些啤酒一起煮

不喜欢弹性太强的口感，想要把章鱼煮得稍软一些，先轻轻地拍打章鱼，放入锅中让水没过后开火。水沸腾之后倒入半杯啤酒，啤酒中的碳酸会使章鱼变得柔软。此外，放入两大匙萝卜泥也可以。萝卜中富含淀粉酶，其中的酵素可以让章鱼变柔软。同时要格外注意不要煮太久，会让美味流失。

小妙招 510 [开始料理] 水章鱼的脚一般用作刺身，但做成火锅也不错

水章鱼不如真章鱼的味道浓郁，但肉质柔软，口感恰到好处。把刺身用的章鱼做成西式腌章鱼也非常好，做火锅吃只要稍微涮一下，就会很美味。

小妙招 511 [开始料理] 让生章鱼的吸盘吸在菜板上，轻松切下

虽然生章鱼的吸盘有独特的口感，别具风味，不过去除吸盘后可以尝到章鱼本来的甜味。将吸盘一面放在菜板上，在吸盘与章鱼鱼身之间入刀，鱼皮也可以一道轻松去除。做西式腌章鱼时，在皮上滑出几刀，放入开水中稍微烫一下，与梅干搭配在一起非常好吃。

小妙招 512 [开始料理] 只需简单地放入章鱼，就可以变成非常美味的焖饭

章鱼焖饭既简单又好吃，非常推荐！与做普通的焖饭一样，放入生姜细丝、酱油、酒、味淋和高汤，再放入切块的章鱼，煮饭即可。按照个人的喜好，加些蔬菜也不错。可以随意放入多种材料，享受富于变化的美味。

小妙招 513 [保存方法] 将章鱼切成细丝等方便食用的大小，然后冷冻

煮好的章鱼如果整只冷冻，肉质较厚不易冷冻，切成细丝等方便食用的大小后再冷冻为佳。把切成细丝的章鱼放在保鲜膜上包好，不要重叠。平铺放置，仔细包好后放在金属盘上急速冷冻，放入专用保存袋冷冻保存。

料理步骤
小妙招掌握度测试
苦恼时的补救小妙招
肉类
鱼类
鸡蛋·乳制品·大豆制品
蔬菜·白薯
蘑菇·海藻·水果
主食
饮料

料理步骤

小妙招掌握度测试

苦恼时的补救小妙招

肉类

鱼类

鸡蛋·乳制品·大豆制品

蔬菜·白薯

蘑菇·海藻·水果

主食

饮料

蛤蜊 ＊＊

蛤蜊是最常见的贝类。带贝壳的蛤蜊有多种做法，做成味噌汤，或者用酒蒸、油炸、用醋腌渍、做成焖饭都非常美味。利用蛤蜊的鲜味做高汤也不错。

小妙招 514 [选择方法] 带贝壳的蛤蜊，要挑选活的。壳能快速合上的是新鲜的

挑选活蛤蜊的方法非常简单。在咸水中吸水管伸出，轻轻触摸后能快速合上的蛤蜊比较新鲜。此外，活的蛤蜊加热之后会打开，煮熟后如果贝壳没有张开，已经死掉的可能性较高，不要购买。

小妙招 515 [预先处理] 用盐水将沙子去除。盐的分量，用舌头舔着试一下，咸度和海水近似

与海水相近！

1 小匙盐

水 1 杯

锡纸

鲜活的贝类中有沙子，去除沙子是必要步骤。将蛤蜊放在平坦的容器中，不要重叠排列，放入一杯水一小匙盐，让盐水没过贝壳。盐的比例不用特意去量，只要尝一下咸味和海水接近即可。在阴凉处，常温放置30分钟左右即可。

小妙招 516 [预先处理] 让蛤蜊的贝壳互相摩擦清洗

去除沙子后，接下来将蛤蜊彻底清洗。"让蛤蜊的贝壳互相摩擦清洗"是常见的方法，因为贝壳的表面会有细小的纹路，杂质容易附着在上面，不易去除。让贝壳之间相互摩擦，再用清水洗净即可。

小妙招 517 [预先处理] 剥下的蛤蜊肉用盐揉搓，口感更具弹性

不带贝壳的蛤蜊肉表面也会有杂质，要洗净后再使用。一袋蛤蜊肉放一小匙盐，整体揉搓后轻轻用流水洗净。不仅能将杂质去除，还能让蛤蜊的口感更具弹性。

小妙招 518 [开始料理] 用冷水煮汤底鲜美，开水煮肉质嫩软

想要品尝蛤蜊高汤的鲜美味道，要在冷水时放入，让水温渐渐上升，这样美味的成分就能更充分地留在高汤中。如果想要品尝蛤蜊肉本身的味道，就要将蛤蜊放入沸水中，让蛤蜊肉迅速熟透，美味的成分就能锁在其中，让肉的味道鲜嫩。

小妙招 519 [开始料理] 做汤或者做蒸着吃，连汤汁一起，吸收的效率更高

蛤蜊的营养价值非常高，是优质的蛋白质来源。蛤蜊富含铁和维生素B等多种营养元素，这些元素都溶于水，所以做成汤、蒸着吃，或者做成焖饭都非常适合，还可以高效率地摄取营养物质。

小妙招 520 [开始料理] 用一小撮米，更简便地取出蛤蜊肉

喝完蛤蜊的味噌汤之后，想要吃贝肉，却很难剥掉贝壳。这时用米粒帮忙，非常简便。做4人份的蛤蜊，在锅中倒入水后，放入两小匙生米，加热后贝壳自动打开，只需简单调味即可。这个方法做蛤蜊肉简单又美味，令人惊叹。

小妙招 521 [开始料理] 煮蛤蜊的时候出现的杂质浮沫要去除

蛤蜊用水煮后出现白色泡沫，有人会疑惑，这是不是煮出的美味成分呢？其实，白色泡沫是杂质浮沫，要仔细去除。

小妙招 522 [保存方法] 新鲜的蛤蜊要连壳一起冷冻

有人会问：蛤蜊可以带壳一起冷冻吗？只要是新鲜的蛤蜊，将沙子洗净后放入专用保存袋冷冻保存就没关系。

小妙招 523 [保存方法] 冷冻蛤蜊之前要用新的盐水浸泡

蛤蜊冷冻保存能持久保鲜，但如果计划在2到3天内做味噌汤，冷藏保存也可以。仔细将蛤蜊洗净去除沙子后，换上新的盐水浸泡是关键。在盐水中涮洗后，再用保鲜膜包好放入冷藏室保存。

料理步骤

小妙招掌握度测试

苦恼时的补救小妙招

肉类

鱼类

鸡蛋·乳制品·大豆制品

蔬菜·白薯

蘑菇·海藻·水果

主食

饮料

虾 **

虾大多进口自世界各地，冷冻的比较多。可做天妇罗、炸虾，或者番茄炒虾仁，是日式、西式、中式各类料理都不可或缺的食材。虾具有高蛋白、低脂肪的特点，适合减肥时食用。

小妙招 524 [选择方法] 如果虾仁变得不新鲜了，头部会开始发黑

没有白色浑浊、带有透明感，证明虾是新鲜的。虾变得不新鲜之后，头部会发黑，要仔细辨别。虾冷冻后再解冻鲜度就会下降，购买时不要选择解冻过的，冷冻状态下的虾更新鲜。此外，去壳虾仁不如带壳的新鲜，带壳的更好吃。

小妙招 525 [预先处理] 去除虾线，在带壳的状态下，用竹签穿入虾背部第二关节

带壳的虾，一定要去除背上黑色的虾线。大多数人都会认为操作起来比较困难，但其实只要将虾稍微弯曲，在第二关节处用竹签穿过，就可以轻松去除虾线。有的虾没有虾线，仔细观察虾背是否透明、有无黑色的部分即可。

小妙招 526 [预先处理] 在虾背上划几刀反折，这样就不会弯曲了

虾在煮熟之后会弯曲，要让虾煮熟之后还能竖直，可以在腹部切上几刀向反方向弯折，这样就不会蜷起来了。

小妙招 527 [预先处理] 为避免溅油，要将尾部水分去掉

把尾部切掉

将水分去除

尾部的尖端要切掉一些，让其中的水分流出，这样，做煎虾的时候就不容易溅油了。

小妙招 528 [保存方法] 冷冻虾的时候要带壳一起煮熟之后冷冻

冷冻之后虾的品质不容易变差。按照新鲜程度的不同，新鲜的虾直接冷冻也可以，如果对新鲜度不太确定，带壳直接冷冻更加安心。在煮沸的热水中放入盐和酒。但解冻之后的虾就不能再次冷冻，味道会变差。

鱼类加工食品 **

鱼类加工食品包括鱼饼、鱼糕和鱼干、腌鱼等。只要切开煮熟即可食用，对于工作比较忙碌的人是非常便利的好帮手，使用机会很多。

小妙招 529 [预先处理] 加工产品变得不新鲜之后，用热水烫一下

鱼类加工食品可以放置时间较长，储存在冷冻室里，许多时候一不小心就快要超过赏味期限。这时用热水烫一下就能够放心吃了。放在捞面屉里，在开水中涮一下就好。

小妙招 530 [开始料理] 切鱼糕可以用菜刀刀背轻松切开

将鱼糕立起

菜刀刀背

切鱼糕的时候，不要使用刀刃。正确的方法是使用刀背来切，切出的效果惊人的好，一定要试一试。

小妙招 531 [预先处理] 做干货用锡纸包好，锡纸蓬起就是烤好了

鱼干盛盘的时候带皮的一面向上更好看，所以烤的时候要从皮开始烤，才能做得漂亮。此外，如果干物的肉质不太厚，容易烤焦或者变硬，要先蒸过再烤一下即可。用锡纸包住，放入烤箱烤架，锡纸膨胀后即表明烤好了。一眼就能分辨出来，也不用担心会烤过头。

小妙招 532 [开始料理] 冷冻的干货，先蘸上盐，在冷冻的状态下放在平底锅上煎

加工后水分减少的干货，例如鲹鱼鱼干、腌鲑鱼等，在冷冻的状态下放上烤架直接烤即可（→见小妙招275）。此外，在平底锅上煎的时候垫上厨房纸，无需放油，就能烤出漂亮的颜色，一定要试一试。用面包炉或小烤箱来做也不错，还可以减少洗碗的数量。

小妙招 533 [保存方法] 加工食品在冷冻的状态下也可以切开，非常便利

鱼糕、竹轮、鱼饼等鱼类加工食品可以冷冻保存。在冷冻的状态之下也可以直接用菜刀切开，料理起来非常便利。竹轮、鱼饼要一个个分开用保鲜膜包上，鱼糕去除包装后仔细用保鲜膜包好。这些材料都要放入专用的保存袋冷冻保存。

料理步骤

小妙招掌握度测试

苦恼时的补救小妙招

肉类

鱼类

鸡蛋·乳制品·大豆制品

蔬菜·白薯

蘑菇·海藻·水果

主食

饮料

鸡蛋 *

鸡蛋使用起来非常方便，使用范围也很广，营养价值高。在日式、西式、中式各种料理中都必不可缺，如果掌握好鸡蛋的使用方法，通向料理高手的大门就已经向你敞开！

小妙招 534 [选择方法] 红皮鸡蛋与白皮鸡蛋的营养价值一样，只是品种不同

鸡蛋皮有红色和白色的区别。有人认为红色鸡蛋营养价值更高，但是颜色的区别实际上是鸡的品种差异造成的，蛋本身营养价值相同。饲养方法有所不同，所以鸡蛋才会变成红色。

小妙招 535 [选择方法] 选择日期新鲜的鸡蛋更重要。大号的鸡蛋蛋白更多

曾经有一种说法：外壳粗糙的鸡蛋新鲜，光滑的鸡蛋不新鲜，但现在这种区分方法已经不通用了。新鲜鸡蛋洗净之后再出售，表面也是光滑的。所以要判断鸡蛋是否新鲜，只能查看生产日期了。此外，虽然鸡蛋分为 L、M 号等不同大小，但是蛋黄的大小基本没有区别，大号的鸡蛋蛋白较多，不喜欢吃蛋白的人可以选择小号鸡蛋。

小妙招 536 [选择方法] 将鸡蛋磕开，蛋白凝聚的鸡蛋更新鲜

旧鸡蛋　新鲜鸡蛋

单从外壳来看，很难判断鸡蛋的新鲜程度，但磕开之后就非常容易分辨。新鲜的鸡蛋，蛋黄和蛋白凝聚，蛋白不会散开，变得不新鲜之后蛋白部分会散开。

小妙招 537 [预先处理] 知道这个诀窍的人非常少！煮蛋前要让鸡蛋先恢复到室温

煮鸡蛋的时候鸡蛋裂开，蛋白流出导致失败的情况时有发生。从冷藏室中拿出后立即煮，鸡蛋更容易裂开。等鸡蛋恢复到室温再煮，是个鲜为人知的常识。

小妙招 538 [预先处理] 将薄膜去掉，蛋黄与蛋白更容易混合，味道也不会改变

薄膜指的是鸡蛋的蛋黄和蛋白之间的白色黏稠质，在蛋黄与蛋白之间起到连接的作用。将这个部分去掉，蛋黄与蛋白就更容易混合。用筷子轻轻地夹起来就可以去除，不去除也没关系，味道并不会改变。

小妙招 539 [预先处理] 使用煎铲，方便地将蛋黄和蛋白分开

用手捞很简单 *

蛋白　蛋黄

or

蛋黄　蛋白

做蛋糕、点心的时候都有将蛋黄与蛋白分离的步骤。有人经常不小心将蛋黄破坏，向这样的人推荐这个小诀窍：将鸡蛋打开，用平底的煎铲将蛋黄取出，把蛋白留在碗中，这种做法成功率非常高，一定要试一试。

小妙招 540 [预先处理] 将鸡蛋打破混合在一起，要用筷子搅拌非常简单

菜谱中写的"打开鸡蛋充分混合"指的不仅是单纯地搅拌蛋液，而是让蛋黄和蛋白完全融为一体。这时用打蛋器来是不行的，会打出泡沫。必须要用筷子搅拌，让筷子前后左右竖直运动，才能搅拌得好。

小妙招 541 [预先处理] 做出松软的蛋包饭的秘诀是不要混合得太充分

做蛋包饭时想要鸡蛋变得松软，注意不要将蛋液过分混合。打蛋时太用力，蛋的绵软口感会消失，只要稍微搅拌混合即可。如果要做成西式风格就放牛奶，做成日式风格就放高汤。一个鸡蛋的分量放一大匙汤汁刚刚好。

小妙招 542 [预先处理] 鸡蛋打开之后新鲜度就下降，要在吃之前再磕开

鸡蛋的壳起到保护鸡蛋的作用，虽然鸡蛋可以长时间保存，一旦磕开之后新鲜度就会下降容易变质，蛋壳上的细菌会繁殖，所以在开始料理之前再打开。

小妙招 543 [预先处理] 先将鹌鹑蛋壳稍微磕开，再用菜刀将壳去掉

鹌鹑蛋的壳与鸡蛋壳不一样，相对更难打开。先在尖的一头磕开裂口再用菜刀剥壳，实际上很简单。

料理步骤

小妙招掌握度测试

苦恼时的补救小妙招

肉类

鱼类

鸡蛋·乳制品·大豆制品

蔬菜·白薯

蘑菇·海藻·水果

主食

饮料

小妙招 544 [开始料理] 煮鸡蛋时，让蛋在水中滚动，加热更均匀

想要煮出蛋黄在中间的漂亮鸡蛋，放在水中煮的时候，最开始的一分钟可以用筷子轻轻地转动鸡蛋，让它受热均匀。此外剥开煮鸡蛋的壳时，表面会有一层薄皮，比较难以去除。在水中磕开裂口，将鸡蛋放在冷水中冷却一下即可轻松剥掉。

小妙招 545 [开始料理] 水煮12分钟鸡蛋全熟，5分钟半熟，3分钟蛋黄呈流动状态

煮鸡蛋虽然看起来简单，但要根据个人喜好煮出硬度不同的鸡蛋，就必须在水沸腾后用计时器测量煮蛋时间。煮到完全凝固需要沸腾后12分钟，煮到半熟是沸腾后5分钟，要让蛋黄处于流动的半熟状态，只要在开水中煮3分钟。还有，煮好之后要立即放进凉水中，如果不立即冷却，余热会让鸡蛋凝固变硬。

小妙招 546 [开始料理] 用电饭锅在煮饭时可以顺便把煮鸡蛋做好

锡纸

电饭锅

煮鸡蛋是最简单的料理，还有一个方法操作起来更简单：在用电饭锅煮饭时可以顺便把煮鸡蛋做好。先按照通常的分量在电饭锅中放入大米和水，鸡蛋用锡纸包好放在当中。米饭煮好之后，鸡蛋也就煮好了。

小妙招 547 [开始料理] 难度较高的玉子烧，趁半熟状态更容易卷起来

玉子烧特别受大家欢迎，要做出漂亮又美味的玉子烧，却只有料理高手才办得到。步骤其实很简单：在锅底涂上油→倒入蛋液→卷起鸡蛋，将这个过程反复几次即可。最关键的是趁鸡蛋呈半熟状态时卷起，卷得会很漂亮，不易失手。

小妙招 548 [开始料理] 做蛋包饭，趁蛋皮呈半熟状态时对折盖住另一侧

与日式蛋包饭相比，西式蛋包饭做起来难度更高，但掌握了小诀窍就不会失败。1人份的蛋包饭准备两个鸡蛋，在平底锅中将黄油融化，将蛋液全部倒入，用大号的叉子让蛋液混合。等鸡蛋呈半熟状态后，将平底锅从火上移开将蛋皮对折，扣在盘子中就完成了。

小妙招 549 [开始料理] 做水波蛋时放入醋和盐，能更快凝固

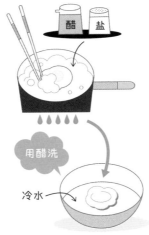

醋 盐

用醋洗

冷水

蛋白像被子一样裹住蛋黄，叫作水波蛋。放在沙拉和吐司上吃，给人仿佛酒店早餐一般优雅的感觉。做起来非常简单：①先让鸡蛋恢复到室温，放入醋和盐，将鸡蛋打入加过醋和盐的沸腾的水中；②转至中小火等到蛋白开始凝固，用筷子让蛋白裹住蛋黄；③蛋白凝固后，将鸡蛋放入有食醋和水的碗中；④去除水分，就完成了。

小妙招 550 [开始料理] 做煎鸡蛋，不能直接磕入平底锅中

如果将鸡蛋直接磕入平底锅中，蛋黄容易散开，煎出的鸡蛋相当不好看。就算有点麻烦，也要将鸡蛋磕在碗里再让鸡蛋轻轻地流入锅中。迅速清洗放鸡蛋的碗，用水冲一下即可，不必花费太多的功夫。

小妙招 551 [开始料理] 正式的煎鸡蛋是两个一起。双面煎蛋也好吃

在酒店早餐中吃到的煎鸡蛋，总是一盘两个连在一起，这是正式的煎鸡蛋做法。在自己家也可以做两个煎鸡蛋，只要稍微改变一下做法即可。说到煎鸡蛋，大多数时候都会默认单面煎，但双面煎蛋是不一样的口感，也很美味。只要最后将鸡蛋翻过来稍微煎一下即可。

小妙招 552 [开始料理] 做牛奶炒鸡蛋要注意火候

做牛奶炒鸡蛋和普通的炒鸡蛋非常类似，注意不要将火开得过大，让鸡蛋呈半熟状态更松软好吃。等到觉得快要半熟了，把火关掉，用余热将鸡蛋做熟。让鸡蛋保持软嫩，不要将它完全变成炒鸡蛋，就是一道标准的牛奶炒蛋了。

小妙招 553 [开始料理] 用微波炉也可以做出很好吃的牛奶炒蛋

将蛋液放入耐热容器，用保鲜膜盖上，放入微波炉加热。不同型号的微波炉用时有所差别，500瓦的微波炉大约40～50秒。可以早点取出后将鸡蛋液充分混合，太过火就不好吃了，尽早查看火候是关键。

料理步骤

小妙招掌握度测试

苦恼时的补救小妙招

肉类

鱼类

鸡蛋·乳制品·大豆制品

蔬菜·白薯

蘑菇·海藻·水果

主食

饮料

小妙招 554 ［开始料理］ 煮鸡蛋切丝时使用刨丝器，蛋丝又细又漂亮

料理中常常要使用煮鸡蛋丝，用刨丝器像做萝卜丝一样，就能做出又细又漂亮的蛋丝！将刨丝器在水中涮洗一下，清理起来也很简单。

小妙招 555 ［开始料理］ 温泉蛋可以使用面碗简单完成

做温泉蛋最难的是控制温度。用泡面碗做容器，操作起来很简单。将鸡蛋放入容器中，注入热水，盖上盖子，等待15分钟以上即可。

小妙招 556 ［开始料理］ 没有蒸锅也没关系。用微波炉做茶碗蒸的方法

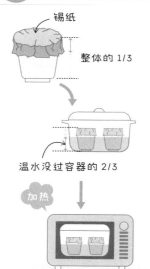

锡纸

整体的1/3

温水没过容器的2/3

加热

做茶碗蒸一般来说要使用蒸锅，其实用微波炉也能做得很美味。首先将茶碗蒸的材料放入容器内，用锡纸仔细盖好。将茶碗放入带盖子的锅中，用温水没过2/3。两个茶碗蒸加热10分钟不到即可。晃动茶碗，表面凝固就是做好了。

小妙招 557 ［开始料理］ 用保存袋轻松做出让拉面店都惊讶的酱油卤蛋

酱油卤蛋是拉面的标配之一。中间蛋黄呈半熟状态，外面的蛋白部分酱油彻底入味，这样美味的卤蛋用封口保鲜袋就能轻松做出。先将鸡蛋煮成半熟状态，剥去蛋壳，将鸡蛋、调味料放入保鲜袋，尽可能将空气挤出，封好袋口。等待15分钟即可。

小妙招 558 ［开始料理］ 苏格兰蛋就是用汉堡肉包住鸡蛋

苏格兰蛋是英国的传统料理。听上去很高级的样子，其实做起来也很简单。用汉堡肉将煮鸡蛋包住，下锅油炸，苏格兰蛋就做好了。肉馅的处理方法与做汉堡排一样。要注意的是，先在鸡蛋上裹上一层面粉，再用肉馅包住，就这一项步骤而已。

小妙招 559 ［开始料理］ 让蛋花汤中的蛋花蓬软的诀窍是温度和鸡蛋的放入方式

鸡蛋蓬软的蛋花汤，是家庭中常做的料理。但是蛋花却打不好……有这样烦恼的人不少。蛋花不是难以成型，就是变成一大块。做好蛋花的诀窍有两条：水沸腾后在汤中加入水淀粉。

小妙招 560 ［开始料理］ 做散寿司不可或缺的鸡蛋皮，可以用微波炉做

做散寿司，绝对少不了鸡蛋皮，但真正能做好的人却不多。这里介绍用微波炉做的方法，失败率很低！先在碗中铺上保鲜膜，将蛋液倒入，铺开。鸡蛋加热蓬起后立即取出，用筷子卷好，整理好形状即可。

小妙招 561 ［开始料理］ 让法国人都大吃一惊的美味。正宗手工蛋黄酱

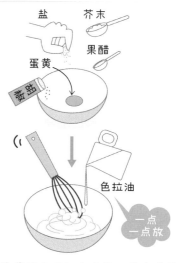

盐　芥末

果醋

蛋黄

色拉油

一点一点放

蛋黄酱用光了！这时候只要有鸡蛋、芥末、果醋，自己就能做出正宗的手工蛋黄酱。先将蛋黄恢复至室温。在碗中放入蛋黄、芥末一大匙、两小撮盐、胡椒少许、白葡萄果醋2/3小匙。再将色拉油一点一点慢慢放入，充分混合。搅拌出蛋黄酱的浓稠感后尝一下味道，与果醋、盐、胡椒充分混合。

小妙招 562 ［开始料理］ 做出口感绵密的亲子饭的诀窍是不要过度搅拌

亲子饭的成败，关键在于上面盖的鸡蛋口感如何。不要把蛋液搅拌过度，只要稍微混合即可。

将蛋液倒入煮好的汤汁里时，从中心向外圈旋转着倒入。之后只要稍微焖一下，鸡蛋呈半熟状态就做好了！

小妙招 563 ［开始料理］ 煮鹌鹑蛋时用微波炉更便利！

做八宝菜等料理时，想用鹌鹑蛋代替鸡蛋的时候，不用特意把锅拿出来煮蛋，用微波炉就能轻松将蛋煮好。用锡纸将鹌鹑蛋一个一个分别包住，放入耐热容器，加水没过蛋，只要微波即可。4个鹌鹑蛋的加热时间约为3分钟。

料理步骤

小妙招掌握度测试

苦恼时的补救小妙招

肉类

鱼类

鸡蛋·乳制品·大豆制品

蔬菜·白薯

蘑菇·海藻·水果

主食

饮料

小妙招 564 [开始料理] 用一把小厨刀就能简单做出"花朵造型煮鸡蛋"

小厨刀

在鸡蛋正中插入后拔出

儿童便当

花朵造型煮鸡蛋

在派对的前菜中经常出现的花朵造型煮鸡蛋，不需要特别的工具，只要用一把小厨刀就能做出。做起来比看上去要容易得多，无论是招待客人还是做儿童便当都可以试试看。

小妙招 565 [开始料理] 实际上鸡蛋的营养并不完全？！没有维生素C！

鸡蛋经常被称作"完全营养品"，实际上却没有维生素C和食物纤维。因此要和含有这两种营养物质的食物一起吃，才能获得"完全营养"。蔬菜、薯类食物中含有丰富的维生素C和食物纤维，要与这些食物搭配。蔬菜炒蛋、放入土豆的西班牙风蛋包饭等，都是理想的菜单。

小妙招 566 [开始料理] 皮蛋不光能当作前菜，煮粥、蒸着吃也很美味

皮蛋在超市里不容易找到，可以在网上订购。将表皮的泥土去掉，用水洗净剥壳。然后根据喜好切成合适的大小，不光可以做饭前小菜，放在蒸菜或粥里也很美味，在自己家就可以享用中华街的味道。

小妙招 567 [开始料理] 对缓解感冒很有效的鸡蛋酒。根据喜好可以放入砂糖

鸡蛋酒是治疗感冒的特效药，自古以来就被当作健康饮料。近来知道怎么做的人却不多了，其实步骤非常简单。

在锅中放一个鸡蛋，加入一小杯日本酒。在小火下混合，变得黏稠之后即可。按照个人喜好加入砂糖也不错。

小妙招 568 [开始料理] 灵活运用剩下的蛋白，变身蛋白酥皮卷！

做蛋糕的时候，经常会剩下不少蛋白。不要倒掉，可以灵活运用起来。在蛋白中放入砂糖和香草豆，仔细打出泡沫后放入烤箱就做成了"蛋白酥皮卷"！

在蛋白中加入细砂糖充分混合，做成糖霜，撒在面包或热香饼上，非常漂亮。

小妙招 569 [保存方法] 在赏味期限内可以生吃。期限过了就必须加热

鸡蛋的"赏味期限"指的是可以生吃的期限（如果是夏季即生产日后16天内）。即使过了赏味期限，加热后也能食用，但不适合做成半熟蛋，煮成全熟后尽快吃完。煮熟的鸡蛋、温泉蛋只能在冷藏室中存放2~3天，所以生鸡蛋直接带壳冷藏保存是正确做法。

小妙招 570 [保存方法] 将生鸡蛋放在盒子中，直接放入冷藏室保存

鸡蛋是能保存时间较长的食品，过去的鸡蛋在常温下也可保存2周左右。现在的鸡蛋大多经过洗净处理，处理时已经将蛋壳上的护膜去掉，冷藏保存更合适。鸡蛋上常会带有沙门氏菌，不要从盒中取出，直接冷藏即可。

小妙招 571 [保存方法] 保存鸡蛋时让气室朝上可以持久保鲜

气室朝上

气室

蛋黄

尖头朝下

鸡蛋冷藏保存时，许多人会把尖头朝上，这是错误的做法。让尖头朝下，带"气室"的圆头一方朝上更能持久保鲜。

小妙招 572 [保存方法] 蛋液可以冷冻保存。去除后自然解冻即可

带壳的生鸡蛋不能冷冻，否则蛋黄的口感会改变。但是蛋液可以冷冻保存。使用时放在冷藏室中自然解冻即可。

如果只有蛋白液也可以冷冻，用保鲜膜盖好放入冷冻室即可。

小妙招 573 [保存方法] 炒鸡蛋、蛋皮丝、玉子烧都可以冷冻保存

不光蛋液状态的鸡蛋可以冷冻，已经做熟的炒鸡蛋、蛋皮丝、玉子烧都可以冷冻保存，放入便当或当成一道小菜，相当便利！

料理步骤

小妙招掌握度测试

苦恼时的补救小妙招

肉类

鱼类

鸡蛋·乳制品·大豆制品

蔬菜·白薯

蘑菇·海藻·水果

主食

饮料

牛奶 **

牛奶是优质的蛋白质来源，特别是富含日本人缺乏的钙质。无需预先准备就可直接用在料理中也是它的一大魅力。不光是西式料理，牛奶与日式料理也能融洽搭配。

小妙招 574 [选择方法] 纯牛奶、加工奶、乳饮料中含有牛奶的比例差别很大

选购牛奶时，这些知识必须了解清楚。

首先，写着"纯牛奶"的指的是牛奶比例100%，"加工奶"的牛奶比例为70%，可以做脱脂或加脂处理。"乳饮料"指的是牛奶比例在20%～25%，添加了果汁、咖啡等风味的含乳饮料。

小妙招 575 [开始料理] 容易失败的白酱汁，用微波炉做到零失败!

现在耐热碗里放入黄油、面粉，用微波炉将黄油融化，取出后充分混合，慢慢倒入牛奶，融合均匀后在微波炉中加热。再次取出，慢慢倒入牛奶，融合均匀，再用微波炉加热。这样白酱就做好了。

小妙招 576 [开始料理] 不只是基本款。味噌汤里加入牛奶，柔和的口味也很诱人

说到使用牛奶的料理，大多数人会想到奶油炖菜、奶油煮。但可以加牛奶的菜不只这些基本款，其实，在味噌汤里加入牛奶，柔和的口味也很诱人。将味噌融化后倒入牛奶加热即可。两人份放1/2杯牛奶较为合适。

小妙招 577 [保存方法] 牛奶容易变质，要封好开口冷藏保存

牛奶比其他食品更容易变质，冷藏保存时要仔细将口封好。特别是气味强烈的食品，要尽量避免和牛奶一起存放。

此外"赏味期限"指的是没开封状态下的保存期限，只要打开过，就要尽快喝完。

小妙招 578 [保存方法] 剩下的牛奶做成白酱保存

牛奶不能直接冷冻，做成白酱后可以冷冻保存。使用时在微波炉中加热解冻即可。

鲜奶油 **

因为鲜奶油高脂肪、高热量，适合发育期的孩子食用。添加在料理中，做出奢华的口感，打成泡沫状也可冷冻。

小妙招 579 [选择方法] 咖啡用的鲜奶油不可以打发?

鲜奶油一般分为咖啡用、打泡用两大类。咖啡用的乳脂肪含量一般在20%～35%之间，打泡用的在45%以上。

乳脂肪比例在40%以下的不可以打发，做点心时要选择打泡用的鲜奶油。

小妙招 580 [开始料理] 鲜奶油打发的诀窍是要将工具和材料一起冷却

将鲜奶油和工具一起放进冷藏室，或者试一试在打发过程中在碗下面放上冰块。

小妙招 581 [开始料理] 在使用牛奶的料理中加一点鲜奶油，味道升级!

说到鲜奶油，有人会认为只能放在咖啡、甜点中。

其实用在料理中，会让味道更富有层次和奢华感。试试在使用牛奶的料理中稍加一点鲜奶油，一定不会失败。

小妙招 582 [保存方法] 不能放在冷藏室柜门的储藏盒里，鲜奶油会凝固!

有没有发生过，把鲜奶油放在冷藏室柜门的储藏盒里，结果凝固变硬的情况? 鲜奶油摇晃之后会凝固，所以不适合放在冰箱门上，可以放在冷藏室内部。不过凝固的鲜奶油，气味、味道、颜色都不会变化，也不必扔掉。

小妙招 583 [保存方法] 鲜奶油不能冷冻，但打发后就可以了

鲜奶油如果直接冷冻会分离，但打发之后就可以冷冻保存了。仔细将鲜奶油充分打发，放入冷冻保存容器。无须解冻，从冷冻室直接取出就可以使用，无论是放入咖啡还是料理中，都非常便利。不过，做甜点时一般不使用冷冻鲜奶油。

酸奶 **

牛奶、脱脂奶粉中加入乳酸菌充分混合后发酵就能做成酸奶。具有提高免疫力、调理肠胃等牛奶不具备的健康功效。不妨每天都喝一点。

小妙招 584 [选择方法] 喝牛奶闹肚子的人，可以改喝酸奶

牛奶是营养价值很高的食物，每天都想摄取，但喝下去会闹肚子……这样的人或许不少。向乳糖不耐症的人推荐喝酸奶。制作酸奶时大部分乳糖已经被分解，可以放心地喝。营养价值和牛奶几乎一样，同样富含钙质。

小妙招 585 [开始料理] 把酸奶用在料理中，可以丰富层次，让味道清爽

把酸奶用在料理中，可以丰富层次，让味道变清爽，还能去除肉的腥味。最有代表性的料理是印度烤鸡。

大部分食材都能与酸奶搭配，不过与香草系食材放在一起，会有蒸菜的味道，与猕猴桃、木瓜一起，会出苦味。

小妙招 586 [开始料理] 在牛奶中放入少量酸奶，就能自制酸奶了！

用原味酸奶做种菌，自己在家也能轻松制作酸奶了。首先将牛奶加热至40～50℃，放入酸奶，分量约为牛奶的10%，充分混合。夏天放在保温瓶中，冬天可以放在暖炉中，保温7小时左右，酸奶就完成了！要记得用热水给勺子等工具消毒。

小妙招 587 [保存方法] 无糖酸奶冷冻后会分离，稍加一些砂糖即可冷冻

原味酸奶的包装分量大，可能会有剩下的情况。直接冷冻酸奶会分离，可加入果酱或砂糖充分混合再冷冻。放在冷藏室中，半冷冻状态可以品尝到水果冰糕一般的口感。

小妙招 588 [保存方法] 酸奶＋砂糖＋奶油泡可以做出冻酸奶

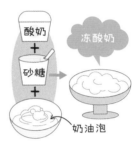

酸奶中加入一些糖，再放入打发的鲜奶油泡，冷冻起来，自制冻酸奶就完成了！

奶酪 **

奶酪是营养的集大成者，所含的蛋白质、维生素A是牛奶中的10倍，钙质也是牛奶中的5倍。但热量有些高，注意不要吃太多哦。

小妙招 589 [选择方法] 天然奶酪与再制奶酪，选择哪一种？

奶酪分为天然奶酪与再制奶酪两大类。天然奶酪常见的种类有农夫奶酪、卡门培尔、戈根索拉、切达、帕玛森奶酪等。奶酪是"有生命"的食材，味道具有个性，购买后要尽快吃掉。

与之相比，再制奶酪是将天然奶酪经过杀菌处理后制成的，可以长期保存，适合不习惯特殊味道的人群。

小妙招 590 [开始料理] 奶酪与白身鱼、鸡肉等味道淡的食材最搭配！

将奶酪入菜时，更适合放在味道淡的料理中。如果是鱼类选择白身鱼，肉类选用鸡肉，蔬菜也要选择没有特殊味道的品种。与各种蘑菇都能完美搭配。

小妙招 591 [开始料理] 味道中缺点什么的时候加入奶酪，变身为满分料理

在觉得"味道中缺点什么"的时候，可以让奶酪发挥威力。奶酪中含有谷氨酸，只要加一点点就一定能让味道提升。加入汤类、酱汁、奶油焗饭、沙拉、咖喱、比萨试一试。

小妙招 592 [保存方法] 奶酪粉不要放在冷藏室，应该常温保存

奶酪一般要放在冷藏室或蔬菜盒中保存，而奶酪粉就要常温保存。如果冷藏，湿气会让奶酪粉变硬结块。

小妙招 593 [保存方法] 即便冷冻味道也不会变化的只有"比萨用奶酪"

奶酪冷冻后就会变成干巴巴的，但用于比萨的奶酪可以冷冻。分成小份后放入专用保存袋冷冻保存，使用时放在冷藏室中自然解冻即可。

料理步骤
小妙招掌握度测试
苦恼时的补救小妙招
肉类
鱼类
鸡蛋・乳制品・大豆制品
蔬菜・白薯
蘑菇・海藻・水果
主食
饮料

料理步骤

小妙招掌握度测试

苦恼时的补救小妙招

肉类

鱼类

鸡蛋·乳制品·大豆制品

蔬菜·白薯

蘑菇·海藻·水果

主食

饮料

豆腐 **

大豆是营养价值极高的食品，豆腐由大豆加工而来，继承了大豆中的几乎所有成分。此外，豆腐更易消化，料理起来也更方便。

小妙招 594 [选择方法] 木棉豆腐（北豆腐）中的蛋白质、钙质丰富

豆腐中富含优质的蛋白质、维生素、矿物质。

其中木棉豆腐的蛋白质、钙质特别丰富，绢豆腐（嫩豆腐）富含维生素 B 族，选择豆腐时，是不是也可以从营养物质的角度考虑呢？

小妙招 595 [选择方法] 木棉豆腐适合各式料理，绢豆腐不能用来炒菜

木棉豆腐和绢豆腐各有各的特色，根据其特点区分使用，让料理更加美味。木棉豆腐的豆腐味道更浓郁，强度更高，用来炒菜、煮着吃、做拌菜都很适合。

绢豆腐较为柔软，口感细滑但容易碎，不适合炒菜。可以做冷盘或蒸菜。

小妙招 596 [预先处理] 密封的豆腐不用洗，直接做冷盘即可

密封的豆腐处于无菌状态，不用清洗也可以。过去的豆腐店把豆腐放在水里来卖，买回来后要用水洗过再做成冷盘料理。清洗时水流太强豆腐会碎，要将水流控制得弱一些。不要用自来水直接清洗，用手接住水后泼在豆腐上就可以。

小妙招 597 [预先处理] 小心地将水分去除，放入漏勺或在开水中烫一下

做凉拌豆腐、麻婆豆腐时希望豆腐适当柔软一些，去除水分时不要太彻底。将豆腐放入漏勺静置 15 ~ 20 分钟左右即可，也可以放入开水中摇晃着烫一下，用漏勺捞起即可。

小妙招 598 [预先处理] 用厨房纸包豆腐微波加热，2 ~ 3 分钟即可去除水分

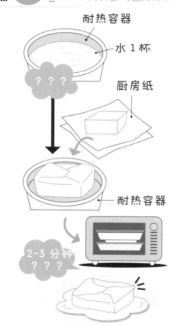

耐热容器
水 1 杯
???
厨房纸
耐热容器
2-3 分钟 ???

需要迅速去除水分才能料理的时候，可以使用微波炉。如图所示用厨房纸包住豆腐，可以用多层纸垫着。1 块豆腐加热 2 ~ 3 分钟，水分就去掉了！

小妙招 599 [预先处理] 做炸豆腐前用重物压住，彻底去除水分！

用厨房纸包住豆腐，在上面放上托盘和水盆压住豆腐，去除水分。可以倾斜下方托盘，让水流走。

小妙招 600 [开始料理] 在菜板上用"从上向下压"的而非拉刀切法

有人认为应该用拉刀的切法，实际可以试一试"从上向下压"的方法来切豆腐。

小妙招 601 [开始料理] 炸豆腐之前要裹上一层粉，用高温油炸

豆腐口味清淡，适合用来油炸。做油炸豆腐的关键是将木棉豆腐中的水分彻底去除（→同小妙招 599），下锅之前要裹上一层粉，用高温油炸。

炸丸子的时候，用绞肉机绞好的肉馅、去除水分的木棉豆腐，放入调味料搅拌均匀。用勺子把材料团成丸子形状，用中度油温炸至颜色变化即可。

小妙招 602 [开始料理] 做肉末炖豆腐时，把香香的烤豆腐放入肉汁中炖

烤豆腐味道很香，形状也不容易煮坏。放入肉和洋葱一起炖，做出美味的肉汁，再放入烤豆腐，让豆腐彻底入味。用小火炖 5 分钟左右即可。

小妙招 603 [开始料理] 豆腐不要煮太久，只要稍微烫一下就好

豆腐如果在锅里咕嘟咕嘟煮太久会出现浮沫。做汤豆腐只要在开水中烫一下就好。做味噌汤时先融化味噌，最后再放豆腐。此外，豆腐味噌汤过一段时间后味道就会变差，这是由于豆腐中的水分流出，让汤的味道变淡的缘故。趁刚做好时喝吧！

料理步骤

小妙招掌握度测试

苦恼时的补救小妙招

肉类

鱼类

鸡蛋·乳制品·大豆制品

蔬菜·白薯

蘑菇·海藻·水果

主食

饮料

小妙招 604 [开始料理] 做凉拌豆腐，放些橄榄油或奶酪，味道更升级！

凉拌豆腐放上恰当的配料，也能变身豪华料理。豆腐意外地与橄榄油和农夫奶酪非常搭配。在去除水分的豆腐上稍稍撒些胡椒，就是一道完美的意式前菜。放上纳豆、泡菜这两种发酵食品也很美味，与烤脆的培根也能相配。

小妙招 605 [开始料理] 做麻婆豆腐，不用菜刀切，要用木铲分成小块

做麻婆豆腐一般用菜刀将豆腐切成1.5厘米见方的小块，但也可把整块豆腐直接下锅，用木铲分成小块。这样做的豆腐切口不整齐，更容易沾上酱汁，与用菜刀切出的豆腐块相比，外表虽不太好看，味道却更上一层楼，一定要尝试一下！

小妙招 606 [保存方法] 放入密封容器，用水没过，放入冷藏室保存

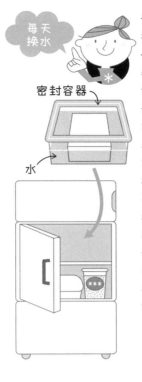

每天换水

密封容器

水

将盒装豆腐连包装直接放入冷藏室，可以保存"消费期限"所示的时间。豆腐专营店卖的豆腐可以放入密封容器，用水没过，放入冷藏室保存。每天记得换水，第三天之前一定要吃完。

小妙招 607 [保存方法] 容易变质的豆腐，只要加热过也能保存一周

豆腐是非常容易变质的食品，但彻底做熟后可保存5天到1周。

加热后放在密封容器中放入冷藏室保存，每天换水的步骤与小妙招606一样。吃的时候再加热一次。

小妙招 608 [保存方法] 豆腐冷冻之后就能变身"高野豆腐"（冻豆腐）

许多人会以为豆腐不能冷冻，其实虽然冷冻过的豆腐会变干，但这种口感正是"高野豆腐"（冻豆腐）的特色。试一试把冷冻过的豆腐当作高野豆腐来使用。

冷冻时直接连包装一起放入冷冻室即可，解冻时放入冷藏室自然解冻。

纳豆 **

纳豆是在大豆中加入纳豆菌而来的发酵食品。纳豆继承了大豆中的营养成分，同时还富含大豆中较少的、有"美丽维生素"之称的维生素 B_2。同时还有助消化。

小妙招 609 [预先处理] 纳豆要搅拌呈白色为止，这样更加美味

纳豆最少也要搅拌50次，看到出现长长的白丝、变得黏稠、呈白色即可。搅拌次数越多，其中的氨基酸成分就会增加，变得越美味。

此外，趁半解冻的状态取出纳豆更容易，这时候的纳豆粘性不强。

小妙招 610 [开始料理] 纳豆生鸡蛋盖饭，能让脑袋变聪明的料理！

早饭的基本款：纳豆生鸡蛋盖饭，富含卵磷脂、维生素 B_{12}，有能让大脑快速运转的效果。卵磷脂可以成为大脑神经传递物质的原料，维生素 B_{12} 也是合成神经传递物质所必须的营养物。

每天早上吃纳豆，或许可以在竞争激烈的时代获得一线生机……

小妙招 611 [开始料理] 不只可以盖在米饭上吃，和油炸食品、炒菜也很搭配

可乐饼

沙拉汁

放入沙拉也OK

把纳豆放进可乐饼中，和鸡蛋一起炒都很好吃。放在沙拉里，倒上些沙拉汁也不错！

小妙招 612 [开始料理] 不喜欢纳豆的人可以配上萝卜泥、蛋黄酱一起吃

不爱吃纳豆的人，用了这个方法也能吃纳豆了！与蛋黄酱充分搅拌，纳豆特有的气味就会变淡，味道层次更丰富。与萝卜泥拌在一起，气味也能减轻，黏丝也会减少。与山药、秋葵拌在一起，就不会觉得纳豆黏糊糊的了。

小妙招 613 [保存方法] 在冷藏室中可保存10天左右。出现白色颗粒时就快要变质了

纳豆是可以长期保存的食品，做好后在冷藏室中可保存约10天。稍微超过赏味期限也能吃，如果已经出现白色颗粒，虽然不是有毒物质，但味道会变差，最好在这之前吃完。

料理步骤

小妙招掌握度测试

苦恼时的补救小妙招

肉类

鱼类

鸡蛋·乳制品·大豆制品

蔬菜·白薯

蘑菇·海藻·水果

主食

饮料

过油豆腐 油炸豆腐

＊＊

过油豆腐和油炸豆腐都是豆腐的加工食品。价格低廉、营养价值高、味道层次丰富，记住它们的处理及料理方法，可以让餐桌上的花样立刻丰富起来。

小妙招 614 [选择方法] 比豆腐保存时间更长，但容易氧化，要选择刚炸出锅的

过油豆腐和油炸豆腐都比豆腐的保存期限更长。但是经过油炸以后，时间长了会氧化。与豆腐一样，购买时要选择刚出锅的。

小妙招 615 [预先处理] 去掉油炸豆腐中的油，可以水煮或在开水中烫一下

用油炸豆腐做甜辣味的炖煮料理，油分会让调味料难以进入，因此要去油。但是，味噌汤中放入油炸豆腐，油分会增加汤的美味，就不必去油。不去油时要注意氧化程度，尽量选择刚做好的豆腐。

去油的方法：在锅中将水烧开，放入油炸豆腐煮 1~2 分钟，放凉后去除水分。盛在竹屉中在开水里烫一下也行。

小妙招 616 [预先处理] 去掉过油豆腐中的油，也可以水煮或在开水中烫一下

关东叫作"生揚げ"，关西叫作"厚揚げ"。过油豆腐是豆腐经过油炸加工而成，做炒菜、煮物、拌菜等都可以使用。

去油的方法：可以整个放入沸腾的水中煮，也可以放在竹屉里在开水中过一下。

小妙招 617 [预先处理] 用厨房纸包住油炸豆腐，用微波炉也可去油

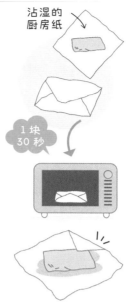

沾湿的厨房纸

1 块 30 秒

给油炸豆腐去油时，还要特地烧水用竹屉，如果觉得太麻烦，也可以使用微波炉。

用沾湿的厨房纸包住油炸豆腐，用微波炉加热，时间约为 1 块豆腐 30 秒。厨房纸就能直接将油吸走。

小妙招 618 [预先处理] 给过油豆腐开口的诀窍是用擀面杖骨碌骨碌压一遍

把过油豆腐当作口袋使用时，有时很难打开口。在豆腐上用擀面杖骨碌骨碌压一遍，就能轻松切开口了。

小妙招 619 [开始料理] 油炸豆腐里面放上馅或放在焖饭里都很好吃

说到油炸豆腐，经常在味噌汤、乌冬中出现，其实还有很多种做法。在里面放入鸡蛋一起煮，就变成了一道漂亮的小菜。放在什锦饭里，让味道富有层次，更丰富美味。做甜辣的炖煮料理时再打一个鸡蛋花，放在米饭上，超级美味！

小妙招 620 [开始料理] 过油豆腐使用的是去掉水分后的豆腐

经常在料理中使用各式豆腐，但过油豆腐是怎么制作的却不太清楚……记住它是将豆腐去除水分后制作而成的，就能更轻松地使用了。

与豆腐一样，炒着吃、做汤、做炖菜都可以，是一种相当便利的食材，要多加利用。

小妙招 621 [开始料理] 帮助你度过工资日的前一天。用过油豆腐来代替肉

过油豆腐分量大、价格便宜，可以帮助你度过发工资的前一天。过油豆腐的味道层次丰富，可以代替肉来使用。烤制焦黄的"烤豆腐牛排"、用豆腐代替猪肉的"生姜烧"、代替牛肉的豆腐咖喱等等，都非常美味，让人想不到价格如此实惠。

小妙招 622 [保存方法] 保存油炸豆腐最好的方法是冷冻！

油炸豆腐意外地不能长时间冷藏，只可保存 3~4 天。如果不能立即吃完，可以将油分去除，分成小份冷冻起来。解冻时放在冷藏室中自然解冻，也可以在开水中烫一下。也可以在冷冻状态下直接加热料理。

此外，把煮好的油炸豆腐，或者做成稻荷寿司冷冻起来，做早餐非常方便。

小妙招 623 [保存方法] 过油豆腐"去油，切成薄片"再冷冻

过油豆腐的冷藏保存期限很短，只有 1~2 天。此外与油炸豆腐相比，也不适合冷冻，但是切成薄片后再冷冻，口感就不容易改变。将整体去油处理后切成薄片冷冻保存。解冻时放在冷藏室中自然解冻。

苦恼时的补救小妙招

怎么办呢？

料理时出现意外和失败的情况时有发生：烧煳了、调味料放多了、形状塌了等……这时候会觉得"没法吃了""端不上桌"，不要轻易放弃。记住补救的小妙招，出现意外时不要着急，灵活应对。

主菜 肉

平时经常做的汉堡排、可乐饼，一不小心也会失败。不要把好不容易做完的料理浪费掉，用一些小诀窍就能补救回来。

小妙招 624 汉堡排的表面烤焦了，里面还是生的 → 用微波炉拯救！

如果用平底锅煎汉堡排，等到内部熟透时，表面已经是硬硬的了。不如转移到耐热容器中盖上保鲜膜，用微波炉加热。

表面已经烤焦的时候，只要将这部分去掉再料理就没关系了。

小妙招 625 白菜猪肉卷的菜皮破了 → 用面粉来补救！

包着肉馅的白菜皮破了，用茶漏筛一些面粉撒在上面。面粉会起到胶水的作用，形状也不容易塌掉。

小妙招 626 可乐饼破了！ → 变身奶油烤菜

可乐饼只要破一个小口，里面的馅料酱汁就会流出来，有时破洞很大，必须重新料理。放入耐热容器中，浇上白酱或奶酪，放入吐司炉烤一下，就能变身为奶油烤菜了。做成三明治的馅也不错。

小妙招 627 咖喱不够用了！ → 用面粉和调味料补救

最简单的方法是把淀粉或面粉溶在水中，加入盐、胡椒，补足咖喱粉不够的情况。

稍微多花些功夫，可以把黄油熔在平底锅里，放入面粉、咖喱粉、盐、胡椒一起炒一下，放入咖喱中，比起咖喱调料来可一点也不差哦。

小妙招 628 切开炸猪排，发现里面是生的！ → 保鲜膜包好后用微波炉加热

在耐热容器上盖上保鲜膜，放上炸猪排，不用裹上保鲜膜，可直接用微波炉加热。内部熟透后，用锡纸包好放在烤箱中再烤一下，外衣就会变得酥脆。

小妙招 629 炖猪肉做得太油了 → 将脂肪冷却凝固是关键

炖猪肉时用脂肪较多的肋排，做出的菜会太油。如果不喜欢油重的感觉，可以在做好后直接将锅冷却。表面的油凝固之后，取出丢掉，再次放在火上加热，油脂就不会太多了。几乎所有的油脂都能通过这个方法去掉，让炖猪肉变得非常清爽。

小妙招 630 咖喱太辣了吃不了 → 用酸味让咖喱的口味柔和

酸味可以让咖喱的辣味变得轻柔一些，加入酸奶或橘子果酱、番茄酱，一定要试一试。

小妙招 631 炸鸡块变得软塌塌的 → 可以做成"南蛮渍"

推荐趁热将炸鸡块做成南蛮渍。放入醋、高汤、酱油、砂糖、红辣椒，充分混合后做成浸渍的汁。加入洋葱、胡萝卜、芹菜等蔬菜后，味道更加清爽，炸鸡块也不会太油。

料理步骤

小妙招掌握度测试

苦恼时的补救小妙招

肉类

鱼类

鸡蛋·乳制品·大豆制品

蔬菜·白薯

蘑菇·海藻·水果

主食

饮料

主菜 鱼类 **

做鱼类料理时，除了料理阶段出现的问题，在预先处理的步骤中遇到困难的也不在少数。记住这里介绍的几个小妙招，一定能派上用场。

小妙招 632　烤鱼烤焦了 → 变身锡纸烤鱼！

把烤焦的部分去掉，再加工成好像锡纸烤鱼一样。鱼已经是熟的，诀窍是只要把洋葱、蘑菇等材料用锡纸烤过就好。可以按照喜好放入酒、酱油、黄油等一起烤，最后把鱼放在蔬菜下面盛盘即可。

小妙招 633　盐烧鲑鱼的味道太重了 → 做成鱼碎就没关系了

鲑鱼中的盐放得太多时，推荐再料理成碎鱼块。煮过后将皮和鱼骨去掉，将肉取下。在平底锅中洒上一些酒，干烧一下让水分挥发，只要加点芝麻，美味的鱼块就做好了。

直接放在米饭上就很好吃，做饭团的馅也更适合不过。做炒饭时放一点等等，可以使用的范围非常广。

在冷藏室中可保存4～5天，冷冻后可保存约1个月。

小妙招 634　鱼干变硬了 → 洒点酒让鱼复活

变得硬邦邦的鱼干即便加热也只能保持原状，在烤制之前要多做一个步骤。在鱼身整体稍微洒上一些酒再烤，鱼肉就会变得柔软多汁。

小妙招 635　炖鱼时烧焦了！ → 换一个锅重新煮即可

鱼烧焦的时候，首先要把锅从火上撤下来。接着换一个锅放入汤汁，将鱼肉烧焦的部分去掉重新煮。这样烧焦的糊味可以大大减轻。

转移到另一个锅中的时候，由于鱼还是热的，很容易碎，要特别注意。等鱼稍微凉一些时再换锅。

小妙招 636　鱼头鱼骨不要扔掉可以利用起来 → 用"霜降法"料理

鱼头鱼骨不要丢掉，可以用"霜降法"预先处理后，用在炖菜、汤类中。在竹屉中将鱼骨摊开撒上盐，静置10分钟左右用热水烫一下，最后用水洗净，就能将血和杂质去除。

小妙招 637　法式黄油烤鱼的外皮脱落 → 用欧芹叶盖住

鱼的外皮脱落时，可以用番茄酱汁、蛋黄沙司来补救。但是如果手边没有酱汁，特地做也比较麻烦。把欧芹叶切碎，均匀撒在鱼身整体上，鱼皮脱落的部分就不明显了。

小妙招 638　炸虾的外衣不脆 → 稍微烤一下

天妇罗的外衣不脆，能放入烤箱稍微烤一下最好。把天妇罗放在锡纸上，加热1分钟左右，注意观察不要烤焦。等到水分挥发得差不多了，外衣也就变得酥脆了。

小妙招 639　想要将冷冻乌贼快速解冻 → 用自来水解冻

自然解冻需要花费很长时间，泡在水中解冻只要30分钟到1小时。将冷冻的乌贼放入塑料袋，用自来水解冻。

小妙招 640　展开鳎鱼时不小心将形状破坏了 → 做成鱼类加工品

展开鱼身时把形状破坏，鱼肉变得乱糟糟的，这时做成鱼类加工品是正确做法。做成炸鱼饼、鱼糕都很美味。把做好的加工品直接冷冻保存即可。

小妙招 641　蛤蜊的外壳剥不下来 → 先瞄准贝柱

先将贝柱切下，贝壳就可轻松剥开。将贝壳较平的一面朝上，将刀伸进贝壳开口处，切下贝柱。贝柱位置在贝壳前端约1/3处，用刀沿上方贝壳内侧切下即可。

主菜 鸡蛋 **

煮鸡蛋这样简单至极的料理，却意外地不太容易做好。做常见的玉子烧、蛋包饭、茶碗蒸也会失败的人不在少数，这时就是救急小妙招出场的时候了！

小妙招 642 煮鸡蛋裂开了 → 用醋的力量使其凝固

煮鸡蛋时蛋壳出现裂痕，推荐在热水中加一点醋。醋有使蛋白质凝固的作用，能防止鸡蛋清流出。

小妙招 643 煮鸡蛋破了 → 切碎后食用

蛋清流出变形的煮鸡蛋，刻意切碎后灵活使用。可以用来做蛋黄酱、含羞草沙拉，放在土豆沙拉中，或混合在可乐饼中也会使味道层次更丰富。

小妙招 644 无法顺利做出便当用的鸡蛋烧 → 一次多做些冷冻起来

用 3～4 个鸡蛋做鸡蛋烧，更容易成型。每天都要做便当的话，可以一次性多做些冷冻起来，效率更高。将每餐份分别包好，放入专用保存袋冷冻保存。

小妙招 645 茶碗蒸的中心没有凝固 → 用锡纸包住后放入微波炉加热

茶碗蒸的中心没有凝固，可以试试放入微波炉加热。加热 10 秒左右即可，不会出浮沫。锡纸与微波炉的内壁接触可能会出现火花，要注意将锡纸紧密地包在容器上。

小妙招 646 蛋包饭失败了形状乱糟糟 → 做成炒蛋非常好

做蛋包饭失败时，许多人会顺手做成一盘炒蛋，但如果加热时间较长，就无法尝到蓬松绵软的口感了。不如加工成松软的炒蛋，比起普通的做法更好吃。冷冻后，可以在沙拉、炒菜中使用，做便当菜也很方便。

主菜 豆腐 **

日式、中式、西式料理中活跃着豆腐的身影。如果能熟练使用这里介绍的小妙招，就不用害怕失败了。完成的美味料理，不会让人察觉有意外发生过。

小妙招 647 炸好的豆腐外皮脱落 → 用蔬菜打卤盖住

炸豆腐的外皮脱落也不要紧，只要用蔬菜打卤盖住就行了。用胡萝卜、大葱、香菇等做成汤底，加入酱油、味淋一起煮，放入水淀粉。将做好的卤盖在豆腐上，就是颇为豪华的一道菜。

小妙招 648 豆腐的形状塌了 → 做白味噌拌豆腐也不错

豆腐的形状塌了，可以做成白味噌拌豆腐。将豆腐放入耐热容器，下面垫上厨房纸，放入微波炉加热，使水分彻底控干是美味的秘诀。

小妙招 649 豆腐汉堡肉饼的原料水嗒嗒的 → 加入粉类立即解决

豆腐中的水分没有完全去除，就会让豆腐汉堡肉饼的原料水水的，不易成型。放入一些面包粉、淀粉或面粉，混合均匀，就能起到粘合作用，更容易整理形状。

小妙招 650 麻婆豆腐太辣了！ → 加入鸡蛋让味道柔和

想要减轻辣味，推荐加入鸡蛋液。鸡蛋的味道还能使菜的层次更丰富。加入鸡蛋后粗粗地搅拌混合，不要加热太久。与米饭搭配，非常美味。

小妙招 651 豆腐炖肉剩下了许多 → 加工再料理成两道菜

取出豆腐炖肉里的豆腐，将水分去除，裹上淀粉，下锅油炸后就做成了素肉豆腐。和普通的豆腐味道不同，这种豆腐有着像肉一样的美味。用微波炉加热土豆，放入锅中，和锅里剩下的肉一起就成了土豆炖肉。提早一天将土豆放入能更入味。

料理步骤

小妙招掌握度测试

苦恼时的补救小妙招

肉类

鱼类

鸡蛋·乳制品·大豆制品

蔬菜·白薯

蘑菇·海藻·水果

主食

饮料

配菜 蔬菜薯类

蔬菜料理失败的一大原因是做过了火，这时就是救急小妙招派上用场的时候了。重新料理过的菜，可能会比原来更好吃哦！

小妙招 652 菠菜煮过火 → 简单地再料理就能让菠菜复活

只想将菠菜迅速焯一下，结果却煮过了头，不妨把它变成一道"上汤菠菜"。在锅中放入高汤和调味料，加入菠菜后稍煮一会儿关火即可。此外，与黄油一起做青菜炒肉，切碎后放入汤中，就不会觉得口感太软了。

小妙招 653 不会把圆白菜切成细丝 → 将菜叶重叠呈球状

将圆白菜切成细丝的第一个关键点是将较粗的芯部去掉。用菜刀横向放置，切掉圆白菜底的芯部，准备工作就完成了。

切细丝时的关键是将菜叶重叠呈球状再切，这样既能切得细，切起来又轻松。只要掌握这个方法，用一把顺手的厨刀，无论是谁都能切出专业级的白菜丝。

小妙招 654 炒蔬菜炒出的水分太多 → 变身中国料理

炒蔬菜时流出太多水分变得湿嗒嗒，推荐再次料理变身八宝菜！加入中国风汤底、盐、胡椒进行调味，再倒入水淀粉。只要简单几个步骤就能大变身，绝对想不到是失败过的料理。放在米饭上做成中华盖饭也非常好吃。

小妙招 655 白切萝卜段没有味道 → 做煎白萝卜来挽救

做出的白切萝卜段汤汁的味道不足，料理成煎萝卜是一种方法。将白萝卜的水分控干，用黄油两面煎成焦黄色，用酱油上色，盖上鲣鱼节会很好吃。黄油的香味和浓郁香味得到充分发挥，既能和米饭搭配，做一道小食也不错。

小妙招 656 毛豆煮太软了没有嚼头 → 做成豆馅

煮过火的毛豆没有嚼头了，可以做成"俊达"，也就是毛豆的豆馅。将豆子从豆荚中去除剥去薄皮，放入碗中捣碎或用料理机绞碎，按照个人喜好加入适量的砂糖搅拌均匀，最后再加入少许盐。放在年糕、糯米或吐司上吃也非常美味。

小妙招 657 糠渍的味道太酸了 → 重新料理成适合做零食的一品

糠渍的酸味太强，可以重新料理成适合做零食的一品。将腌菜的水分彻底去除，放入生姜泥或切碎的紫苏，与芝麻一起充分搅拌再加入一点点酱油即可。盖在米饭上也很美味。

小妙招 658 想把苦瓜瓤也用在料理中 → 放入味噌汤或做成天妇罗

苦瓜瓤其实没有太多的苦味，不必扔掉，可以灵活用在料理中。放入味噌汤里，会有其他蔬菜不具备的软绵绵的口感，很新鲜。做成天妇罗，撒些盐来吃，别致的风味做零食最合适。

小妙招 659 土豆沙拉里水分太多了 → 加一些煮鸡蛋

做的土豆沙拉里水分太多了，可以把煮鸡蛋切碎后放入充分混合。蛋黄部分能吸收水分，让味道更浓郁，提升美味。与煮好的通心粉搅拌在一起也可以。与平常所吃的土豆沙拉不同，可以体验到新鲜的口感。

小妙招 660 金平（炒牛蒡丝）做得太咸太辣 → 用在焖饭中

做得太咸太辣的牛蒡丝，放在鸡肉松焖饭中就没关系了。鸡肉炒熟之后与牛蒡丝合在一起炒，加入大米一起焖，稍加些酱油。

小妙招 661 孩子不喜欢吃蔬菜，很头疼 → 灵活运用喜欢的调味料

在蔬菜中加入孩子们喜欢的番茄酱、咖喱等调味料。把蔬菜切成小块，放入汤中，加些番茄酱，或者炒一下放些咖喱粉，一定能让孩子更爱吃。

料理步骤

小妙招掌握度测试

苦恼时的补救小妙招

饮料篇

鸡蛋

鸡蛋·乳制品·大豆制品

蔬菜·白薯

蘑菇·海藻·水果

主食

饮料

配菜 蘑菇**海藻

海藻中的食物纤维丰富、热量低，是适合每天食用的健康食材。

小妙招 662 想让香菇干迅速复原 → 借用砂糖的力量！

想要香菇干里的美味成分完全发挥，用水还原是最好的，但肉质较厚的香菇彻底复原需要 2～3 小时。着急的时候，在温水中加入砂糖，浸泡 20～30 分钟即可。如果时间更紧，可以将香菇干放入耐热碗加入水和砂糖，用保鲜膜包好，放入微波炉加热 2 分钟左右即可。

小妙招 663 新鲜香菇一次用不完 → 挑战一下，自己晾干香菇吧！

自己在家也能简单做出干香菇。新鲜香菇不用清洗，用布轻轻擦去表面泥土，在竹屉中平铺晒干。晴天放在通风良好处，从 9 点放到 15 点左右，经过几天时间自然风干。尚处于干燥过程中的香菇，应该放在塑料袋里，放入冷藏室保存。

自制的香菇干，用可封口的保鲜袋装好后，放入冷藏室保存更安心，可以储存 1 个月左右。

小妙招 664 干香菇受潮了 → 在太阳下晒干

干香菇应该彻底隔离湿气，水汽会让味道变差，开封后要放在可封口的保鲜袋中密封好。万一受潮，可以在竹屉中平铺晒干。晒干时水分挥发，味道复活，但是如果香菇已经严重受潮变色，就不能恢复原状了。

小妙招 665 松茸价格太贵买不起 → 用用替代品享受松茸的风味

用杏鲍菇代替松茸，做一道松茸风味焖饭。这时可以使用松茸汤调料。焖饭时，加入切碎的杏鲍菇，此外只要再加一些酱油和酒就好。就像真正的松茸一样美味。

小妙招 666 海苔受潮了 → 用微波炉加热

海苔受潮变软，可以放在厨房纸上，在微波炉中加热。1 枚海苔大约加热 30 秒，视情况确定加热时间。

小妙招 667 海苔剩下吃不完 → 变身韩国风海苔

变成韩国风味，适合做小零食。先用刷子或勺子背面在海苔上涂一层芝麻油，在海苔整体撒上盐，开小火在炉灶上稍微烤一下，就做成了韩国风海苔。

小妙招 668 海藻泡得太多 → 巧妙地冷冻保存

干燥的海藻泡发后体积会膨胀许多，剩下的不知该如何使用。此时可以分成每次使用的一小份，用保鲜膜包好，放入专用保鲜袋冷冻保存。

小妙招 669 用过的昆布也不想扔掉 → 可以变身下饭菜

熬完汤底后将昆布取出切碎，在平底锅中炒熟，放入酱油、味淋，再加些砂糖，让水分彻底挥发，最后放入芝麻就做成了昆布下饭菜。稍微留一些水分，做成滋润版下饭菜也可以。

小妙招 670 不知何时能用上昆布 → 做万能的昆布卷

用昆布包住鱼类、蔬菜，让昆布味道浸入其中，就是昆布卷。用布将昆布擦干净，将材料卷好在冷藏室放一晚让其入味也可以。

小妙招 671 海藻料理焕然一新！ → 在炒菜中使用

想要增加海藻料理的花样，推荐在炒菜中使用。海藻的味道较淡，适合与味道浓郁的猪肉等一起炒。用芝麻油炒猪肉和海藻，放入盐、胡椒、酱油调味，按照个人喜好加入大蒜、生姜、辣椒等也很美味。

料理步骤

小妙招掌握度测试

苦恼时的补救小妙招

肉类

鱼类

鸡蛋·乳制品·大豆制品

蔬菜·白薯

蘑菇·海藻·水果

主食

饮料

主食 大米 *****

即便每次用电饭锅煮饭时都用量杯，做出的米饭软硬程度也不一定一致。这里介绍几个能把失败的米饭重新料理的小妙招，每天都能派上用场。

小妙招 672 米饭夹生
→ 借助酒的力量做熟

煮完饭发现米粒芯是生的，可以稍微加一些酒，再次放入电饭锅，打开电源。几分钟后，米饭就能完全做熟。放入耐热容器，用保鲜膜包好，用微波炉加热也可以。

小妙招 673 米饭太软了
→ 用微波炉加热

在耐热容器中将米饭铺开，不用盖保鲜膜，直接放入微波炉加热。这样做能一定程度上将水分蒸发掉。但是如果米饭非常软，做成粥或海鲜饭也不错。

小妙招 674 冷藏室的米饭变干了
→ 灵活地变身炒饭

米饭放在冷藏室中保存，水分蒸发后米粒会变干。这时加入少量的酒，放入微波炉加热也可以，但重新料理做成炒饭是更聪明的办法。米饭中的水分较少，正适合做一盘粒粒分明的炒饭。

小妙招 675 炒饭的米粒太黏了
→ 稍微烤一下让米变干

做好的炒饭米粒黏在一起时，可以使用烤箱让米变干。将炒饭放在锡纸上铺开，烤1分钟左右，观察状态决定关火时间。水分蒸发之后，可以大大改善炒饭的口感。如果这种方法也不管用的话，煎一张蛋皮，做成蛋包炒饭也不错。

小妙招 676 紫菜包饭切得不整齐
→ 用湿布擦拭厨刀

用干的厨刀切，米饭会粘在刀上，切得不整齐，切紫菜包饭前，用湿布擦拭厨刀是个实用的小诀窍。每次切之前都用湿布擦一下。
为了让紫菜包饭的形状保持完好，要将海苔结束的接口处朝下。

小妙招 677 焖饭的味道太淡了
→ 变身饭团

焖饭里的盐和胡椒不足、搅拌不匀，味道不好。多加一些盐，做成饭团即可。

小妙招 678 西式肉菜饭做得太黏了
→ 变身烩饭

西式肉菜饭做得太黏了，重新料理变身烩饭是最佳选择。在肉菜饭中加些汤汁一起煮，放入盐、胡椒调味。按照个人喜好加入芝士粉、水煮番茄罐头也很美味。盛在盘中，撒上香菜碎和黑胡椒就完美了。

小妙招 679 用电饭锅保温的米饭不好吃
→ 做成烤饭团会非常美味

米饭长时间在电饭锅中保存会变干，也可能焖出味道。这时推荐把米饭做成烤饭团。把饭团烤过之后，沾上放入了酱油和味淋的酱汁，再烤一次。以酱油为主的酱汁香气四溢，米饭焖久了的味道也就不会令人在意了。

小妙招 680 散寿司剩下了
→ 加工一下，变身多重美味

剩下的散寿司可以加工一下用在稻荷寿司、茶巾寿司、紫菜包饭中，形状多样，富于变化。浇上白酱和融化的奶酪，还可以变身多利亚饭、炒饭，都非常美味！

小妙招 681 烤饭团变硬了
→ 做成茶泡饭会很棒！

烤过头的饭团表面变硬，但做成茶泡饭就会很棒。将饭团放入容器中，依照喜好加入切碎的梅干，上面放一些青芥末，倒入茶泡饭的高汤。如果再加一些葱作为点缀，看起来就更像模像样了。

主食 面类 **

对荞麦、乌冬、意大利面等各类面条来说，嚼头是关键。面煮得太过火，可以试试下面的救急小妙招。面煮多了的时候也可以参考这几条，杜绝浪费。

小妙招 682　意大利面煮得太软了
→ 用冷水过一遍

煮得太软的意大利面，直接放在竹屉上，余热会让面变得更软，要格外注意。可以立即放进冰水冷却，捞出时仔细将水分控干，面的表面就能收紧。

小妙招 683　意大利面粘在一起
→ 当作通心粉使用

面和面粘在一起变成一坨，试着用菜刀切成小块，当作通心粉使用。放入意式蔬菜汤等各类汤、沙拉、奶油烤菜、奶油可乐饼中都不错。

小妙招 684　荞麦面煮得太软
→ 做成荞麦沙拉就没关系

荞麦面煮的时间太长，或煮熟后放置了一段时间，面变得太软，可以再料理成荞麦面沙拉。把荞麦面切为适宜入口的长度，按照喜好放入黄瓜、西红柿等蔬菜，淋上日式面露就可以了。加入鸡蛋皮丝、火腿、罐装金枪鱼，还可以让它更丰富。

小妙招 685　煮过的素面剩下了
→ 用在御好烧中

剩下的素面可以用在御好烧中。将面切碎，放在蛋液中，与圆白菜等混合搅拌后在锅上煎。素面自然能黏合在一起，不用加面粉。

小妙招 686　酱油炒面做得太软了
→ 放在面包上是不错的选择

把做得太软的炒面再料理，成为一道轻食。在吐司面包上放上炒面和融化的奶酪丝，放进烤箱。面包充分吸收酱汁的味道，美味更升级。

主食 面包 **

怎样能让变硬的面包恢复松软？适合孩子们吃的三明治怎么做？自己烤的面包失败了怎么办？介绍几个每天都能派上用场的诀窍。

小妙招 687　面包变硬了
→ 用喷雾让面包恢复柔软

给面包整体补充水分。用喷雾或用湿布包住放置一会儿都可以。之后用锡纸包住面包放入烤箱烤一下，就能让面包恢复松软。

小妙招 688　法式吐司用的蛋液剩下了
→ 可以用来做零食

做法式吐司用的蛋液中加入了牛奶，如果剩下了，可以加些面粉和砂糖，在平底锅中煎一下，就能做成了热香饼，也可以用作布丁的材料。所以多余的蛋液不要倒掉，完全可以充分利用。

小妙招 689　普通三明治孩子不方便吃
→ 做成三明治卷就没问题

三明治卷最适合准备给孩子们远足用。将面包放在保鲜膜上，涂上蛋黄酱，放上馅料卷起来，吃的时候不必用手直接拿，非常方便。

小妙招 690　没有适合三明治的馅料
→ 使用和风料理更新鲜

其实三明治和和风料理非常搭配。猪肉生姜烧、土豆炖肉、金平、南瓜的煮物、芝麻拌菠菜等，夹在面包中几乎都很合适，不妨一试。把土豆炖肉中的土豆和南瓜压扁之后夹在面包中，形状就不容易破坏。

小妙招 691　发酵过度的面包面团
→ 变身甜甜圈！

发酵过度的面包面团无法使用，推荐把它再料理成甜甜圈。如果做成圈状有些困难，做成球状、柱状也无妨。在油锅中炸过之后，按照喜好把肉桂糖、可可粉放在上面做出各种风味。

料理步骤

小妙招掌握度测试

苦恼时的补救小妙招

肉类

鱼类

鸡蛋・乳制品・大豆制品

蔬菜・白薯

蘑菇・海藻・水果

主食

饮料

汤 **

味噌汤的汤底，做起来很费时间，只要掌握了这几条小妙招，就不会觉得麻烦了。只要费一点功夫，就能每天喝上汤底鲜美的味噌汤了。

小妙招 692 想减少味噌汤中的盐分 → 汤底的鲜味是好伙伴

如果减少味噌的量，会觉得味道有些不足，这时可以用汤底的鲜味来弥补。如果汤底浓郁鲜美，即便盐分不多，也不会觉得味道淡。多放些蔬菜也很有效，减少的水量可以用蔬菜中析出的水分弥补，起到减盐的作用。

小妙招 693 做高汤太麻烦了 → 用制冰盒冷冻保存

如果想每天在家喝味噌汤，将汤底冷冻保存，使用起来非常方便。利用制冰盒将做好的汤底冷冻保存，早上只要简单的几个步骤就能喝到美味的味噌汤了。将高汤放凉后倒入制冰盒冷冻，将冻好的汤底块取出放入保鲜袋，再放入冰箱冷冻室。每次使用时取出适量的汤底块，在冷冻状态下直接放进锅里就好。

小妙招 694 "卷织汤"的味道不足 → 用芝麻油让味道变浓郁！

"卷织汤"是一种包含蔬菜、薯类等内容丰富的汤。材料用油炒过之后再煮，味道独特而浓郁，如果觉得味道淡，可以加一些芝麻油试一试。芝麻油的风味可以让汤更加浓郁，美味升级。

小妙招 695 煮鱼干做出的高汤有腥味 → 借助酒的力量去除腥味

鱼干没有将头部和内脏处理干净，煮的时候火力太大让水沸腾，都容易让高汤味道太腥。此时稍加一些酒，水沸时关火，即可有效去除腥味。煮好后在滤网或竹屉上垫上厨房纸，将高汤过滤一遍更好。

小妙招 696 味噌汤的鲜味不足 → 推荐放些葱花

葱花可以让汤汁的味道提升，在日语中又叫作"吸嘴"。将大葱切成小段，放入生姜泥、柚子、七味粉可以增添风味，让美味提升。

小妙招 697 味噌汤剩下了 → 再料理做成杂炊饭

把味噌汤再次料理最简单的方法，是加入米饭和鸡蛋，鸡蛋味噌杂炊饭就做好了。味噌比酱油的味道更浓郁丰富，放一些韩式泡菜也很不错。如果剩下的味噌汤量很多，推荐做成味噌乌冬面。

小妙招 698 味噌汤的材料很单调 → 利用西式食材

味噌能与西式食材搭配融洽，不妨多试试各种组合。特别推荐培根，炒过后再煮会给汤带来独特而丰富的美味。香肠、罐装金枪鱼，这些乍看起来与味噌不搭的食材，其实也会带来意外的美味。不妨挑战一下西洋风味的味噌汤。

小妙招 699 煮汤的时间不够 → 用速食汤替代

速食汤只要倒入热水就能完成。玉米浓汤、奶油浓汤，用牛奶代替热水就可以品尝到更浓郁的味道。放入煮熟的短型意大利面、蔬菜，无论是味道还是外表都更接近正宗的浓汤。

小妙招 700 没有做浓汤的搅拌机 → 使用万能过滤器

做土豆、南瓜浓汤时，顺滑的口感是关键所在。普通的做法是将材料煮过后用搅拌机打碎，但也可使用万能过滤器，用木铲将剩下的蔬菜捣碎即可。

小妙招 701 汤的味道不够浓 → 花点功夫，就能弥补

将洋葱切成薄片、培根切丝，与黄油一起炒，加入汤中能让汤的味道变得浓郁，还会增加些许甜味。

✳ 按照食材分类，*side dish*
变成料理高手的小妙招

本章介绍 174 个做配菜时
能派上用场的小妙招。
按照蔬菜·薯类·蘑菇等类别
分别介绍，容易查找。
首先试试下面的 5 个小妙招吧。

第 3 章
配菜篇

蔬菜

小妙招 702 白菜其实也很好吃。
白菜凯撒沙拉

帕玛森奶酪

凯撒沙拉酱

生白菜

粗粒胡椒

爽脆可口！

做凯撒沙拉，可是没有长叶生菜怎么办……
不用为此烦恼，生白菜也能做出好吃的凯撒沙拉。
白菜清淡的口味和爽脆的口感与浓郁的凯撒酱、
帕玛森奶酪搭配，令人意外的非常好吃。

海藻

小妙招 705 只要使用芝麻油、大蒜，就能变
身韩国风海藻汤

如果喝腻了平常的味噌汤或其他日式汤类，
只要花一点功夫就可以喝到韩国风的海藻汤。先
在锅里将芝麻油烧热，把海藻炒热后加入高汤煮
一会儿，最后放入调味料。诀窍是最后加入蒜蓉、
白芝麻！

薯类

小妙招 703 灵活使用刨丝器，把土豆削成薄片

做土豆料理时用刨
丝器非常便利。无论是
土豆薄片，还是土豆丝，
只要削皮后唰唰地削好
就可以了。做土豆泥、
烤土豆也很轻松。

切丝用

土豆丝

切薄片用

烤土豆

蘑菇

小妙招 704 浇在意面上、放在面包或米饭上都很美妙

这里介绍味道丰富、吃法多样的蘑菇渍菜。使用香菇、杏鲍
菇等多种蘑菇是关键。在平底锅中将橄榄油烧热，放入大蒜、辣
椒粉等调味料用小火炒，闻到香味后加入蘑菇和白葡萄酒。等水
分彻底挥发掉再调味即可。

水果

小妙招 706 柚子用烤箱烤过后会
变身味道丰富的甜点

将柚子切成两半，放上黄油和砂
糖，将烤箱预热。如此简单，就能做
出让甜点师都惊讶的美味甜点。

用烤箱烤

砂糖

黄油

料理步骤

小妙招掌握度测试

苦恼时的补救小妙招

肉类

鱼类

鸡蛋·乳制品·大豆制品

蔬菜·薯类

蘑菇·海藻·水果

主食

青菜 ✳

菠菜、油菜、茼蒿等青菜中富含胡萝卜素。简单地做成拌菜、沙拉、炒菜，用途广泛，还能补充必要元素，让营养均衡。

小妙招 707 【预先处理】 把青菜从根部切开，轻松洗净污泥！

将根部须状部分切下

切开十字刀口

青菜的根部不好清洗，将须状部分切下，在根部切出十字刀口，就能轻松洗净污泥了。

小妙招 708 【预先处理】 煮菠菜时，茎部与叶部的时间差是关键

做凉拌菠菜时，保留菜叶的爽脆口感才好吃。但是菠菜很容易煮得太软，变得水嗒嗒的。

要做出好吃的菠菜，放入热水时的顺序是关键。抓住叶子部分将根部放入热水，约10秒后再把叶子整体放入。这个时间差，能使容易熟的菜叶和相对不易熟的茎部均匀受热。

小妙招 709 【预先处理】 让青菜一下变得元气满满！烹饪前的秘密绝招

在烹饪青菜之前，只要一点功夫，鲜嫩程度就能大不一样。料理开始前30分钟，在碗里倒些水，将青菜的根部放入水中。如此简单，就能让青菜恢复清脆口感，变得元气满满。适用于菠菜、茼蒿、油菜、水菜、油菜花等。

小妙招 710 【预先处理】 让煮出的青菜的颜色鲜亮，要遵守两条规则

菠菜、茼蒿、油菜等蔬菜的特点是颜色鲜绿。要在煮熟后保持鲜绿色，可以在开水中加少许盐。煮好后余热会让菜叶变色，所以要用冷水冷却，同时还可以去除草腥味。掌握了这两点诀窍，一定能做得好。

小妙招 711 【预先处理】 如何处理茼蒿的叶子，是茼蒿沙拉味道成败的关键

茼蒿沙拉能直接品尝到叶子的原味，要保留叶子的口感是美味的关键。从茎部将叶子摘下，在水中浸泡10分钟左右，这样做能让叶子恢复水润，让沙拉的美味升级。用于沙拉中的菠菜草腥味不强，也可以采取同样的做法。然后只要将水分控干，沙拉的准备工作就完成了。

小妙招 712 【开始料理】 凉拌菠菜中使用的酱油是关键

凉拌菠菜容易做得水嗒嗒的。为了避免这种情况，将煮熟的菠菜切成小段前，稍微加一些酱油，将水分挤出是诀窍。这样能让菠菜入味，最后切段再与调料搅拌，就可以避免菠菜水分太多。

小妙招 713 【开始料理】 剩下的茼蒿茎部不要扔掉，可以巧妙利用

沙拉

金平炒

炸牡蛎

炒饭

做沙拉只会用到茼蒿的叶子，很多人就把剩下的茼蒿茎部扔掉了。其实只要巧妙地料理，茎部独特的香气和恰到好处的苦味，可以为料理添加别样的风味。切成细丝可以做成金平，很下饭。快速煮熟后与芝麻酱汁一起做凉拌菜叶不错。放入炸牡蛎中，茼蒿的香气可以给料理提味。放在炒饭、意大利面中也很美味。

小妙招 714 【开始料理】 吃腻了凉拌菜，尝试一下用金针菇做快手菜

能与菠菜、油菜、茼蒿等蔬菜搭配，做起来又不费功夫的正是金针菇。将青菜煮熟与金针菇拌在一起即可。步骤超简单，金针菇给舌尖带来的独特口感，让吃惯了的凉拌菜焕然一新。

小妙招 715 【保存方法】 将煮青菜冷冻保存，让料理的色彩更丰富

青菜叶子很容易变质，如果不能迅速料理，还是冷冻保存为好。青菜需要冷冻时只要在开水中烫一下即可，质感稍硬一些是诀窍。

之后将青菜切段，分成几份冷冻保存。做炒菜、炖菜、汤类时无需解冻，在冷冻状态下直接放入即可。

韭菜 **

韭菜是具有独特香味的蔬菜。这种香味含有一种成分，具有提升精神的功效。巧手料理，可以将韭菜的能量充分发挥。

小妙招 716 [预先处理] 韭菜只要快速烫熟即可，有效保存营养成分

韭菜中的香气是一种叫作硫化丙烯的成分，它可以让维生素 B₁ 的活性更强，具有帮助摆脱疲劳的作用。要让煮熟后的韭菜营养成分尽量不流失，只要快速烫熟即可。让韭菜保留独特的爽脆口感，注意不要煮过头。

小妙招 717 [预先处理] 煮的时候用皮筋绑住，防止韭菜散开

皮筋

直接将韭菜放入开水容易散开，后面处理起来非常麻烦。用皮筋绑住根部再煮，从锅中取出时更容易。

小妙招 718 [开始料理] 韭菜炒鸡蛋要快速翻炒才不会失败！

做韭菜炒鸡蛋，很多人会先炒韭菜再放鸡蛋，但这个顺序会让韭菜变得太软。要保留韭菜的口感，同时还能让鸡蛋绵软，用一次翻炒的方法很有效。将蛋液搅拌好，放入韭菜和调味料，一口气倒入锅中快速翻炒即可。

小妙招 719 [开始料理] 充分发挥韭菜香味的饺子做法：搅拌顺序是关键！

拌饺子馅时，肉馅、蔬菜、调味料的正确搅拌顺序应该是怎样的？很多人会说，反正要搅拌在一起，是不是顺序就无所谓了呢？实际上材料一旦经过搅拌，韭菜的香味就会挥发，拌好的饺子馅味道就会有差别。正确的做法是先将肉和调味料、白菜等其他蔬菜搅拌好，最后再放韭菜混合均匀。

小妙招 720 [保存方法] 将切碎的韭菜冷冻保存，使用时随手取来

新鲜蔬菜直接冷冻口感会发生改变。不过将韭菜切成 1 厘米左右的小段，直接冷冻也无妨。冷冻保存后用来包饺子、炒菜、做韭菜炒肝、泡菜饼，用途非常广泛。如果剩下少量韭菜也可以用同样方法冷冻保存，放在汤和拉面中用于丰富色彩。

扁豆、豌豆角 **

豆角的颜色鲜绿，时常作为摆盘时的点缀来使用。属于黄绿色蔬菜的一种，富含胡萝卜素等营养物质，也能作为主菜大显身手。

小妙招 721 [预先处理] 去豆角筋的时候，先折断再把筋撕下

带着豆角筋料理口感会变差，做菜前先将筋去掉。将头部折断，直接顺着撕下，非常简单就能去掉。

小妙招 722 [预先处理] 用微波炉加热豆角保持鲜绿的方法。

扁豆、豌豆角经常用于给料理的颜色提亮，但使用微波炉加热豆角会让颜色变差。要保持豆角的鲜绿色，在热水中迅速烫一下，用保鲜膜包好再加热即可。此外，用热水烫的时候，加入少量的盐，颜色更容易保持。

小妙招 723 [开始料理] 芝麻拌豆角，搅拌的时机会决定味道好坏

说到豆角的固定搭配，一定是芝麻拌豆角了。如果做得水嗒嗒的，是由于搅拌得太早，豆角中的水分析出。开吃之前再加入芝麻酱汁，就能做得好吃。

小妙招 724 [开始料理] 想要营养均衡，推荐有油分的料理

扁豆和豌豆经常使用在炖煮的日式料理中。其实豆角中含有脂溶性胡萝卜素，与油一起料理更利于营养成分的吸收。在炒菜、炸物等西式料理中使用，营养摄取的效率能够大大提高。

小妙招 725 [保存方法] 加盐煮豆角，冷冻保存，少量使用时非常便利

将豆角煮得偏硬一些

盐

仔细去除水分

想用豆角为料理增添色彩，每次煮一点非常麻烦。在水里加盐，豆角煮得偏硬一些，冷冻保存，用于炖煮或炒菜中时，将冷冻状态下的豆角直接放入即可。注意冷冻前要将豆角中的水分彻底去除。

料理步骤

小妙招掌握度测试

苦恼时的补救小妙招

肉类

鱼类

鸡蛋·乳制品·大豆制品

蔬菜·薯类

蘑菇·海藻·水果

主食

卷心菜 **

卷心菜无论是生吃还是煮熟了吃都很美味，用途广泛，是可以常备的一种蔬菜。圆白菜富含维生素C，还有能守护肠胃运动的维生素U（俗称卷心菜素）。

小妙招 726 [选择方法] 要分辨卷心菜是否好吃，根据季节不同有所区别

卷心菜的时令季节有两个，4～5月初的春季卷心菜，叶子柔软，质量比较轻，另一种10～12月的冬季卷心菜，菜叶卷得更紧实，这时选择质量较重的更好。切开之后销售的卷心菜，无论什么季节，都可以根据断面来判断，颜色白、水分足的更新鲜。

小妙招 727 [预先处理] 切细丝的方法不同，口感会变化

喜欢偏硬口感的卷心菜丝的人，要沿着纤维平行地切，这种切法能保留卷心菜纤维，让卷心菜保持清脆的口感。另一方面，如果喜欢口感比较软的人，要垂直于纤维来切，这样能将纤维切断，让卷心菜的口感偏软一些。

小妙招 728 [预先处理] 卷心菜肉卷要包得漂亮，先要处理掉菜芯的部分

将菜刀横放

将菜芯部分削去

做卷心菜包肉时需要注意卷心菜的菜芯部分，否则容易失败。将菜刀横放，把将较粗的菜芯去除，这样卷心菜就更容易弯折，卷肉时就能做得更漂亮。

小妙招 729 [开始料理] 不要将菜芯扔掉，在各种料理中多多使用

卷心菜芯做味噌腌菜、酱油腌菜时，带来爽脆的口感非常好吃，做成金平也很美味。切成细丝后拌入肉馅中，做卷心菜肉卷的原料，或者切成小片放入汤中、炒菜都很不错。

小妙招 730 [保存方法] 将容易变质的菜芯处理掉，更能长时间保存

卷心菜的菜芯部分容易率先腐烂，保存时要将菜芯去掉，用沾湿的厨房纸包好，就能更长时间保存。

白菜 **

白菜生吃爽脆，煮过后变软，口感完全不同。试一试将白菜用在锅类，炖煮菜，腌菜，沙拉等各类料理中吧。

小妙招 731 [选择方法] 购买切开的半颗白菜时，要仔细检查切面

白菜切开时间太长之后，菜芯部分容易膨开。购买切开的半颗白菜时，要仔细检查切面，选择切面较平的。要尽量挑选叶子包裹紧实的避免选择叶子干巴巴的白菜。

小妙招 732 [预先处理] 让硬菜梗变好吃的诀窍，用斜切的方法

硬菜梗

斜向入刀

白菜的白色菜梗部分较硬，不容易熟，也不容易进味。将菜刀倾斜切成薄片，切面较大，更容易熟，味道也更好。

小妙招 733 [开始料理] 白菜中加入柚子胡椒调料，立即就能做好一道腌菜

正宗的腌白菜很费时间和功夫，用柚子胡椒做一道简易腌菜就很简单了。将白菜切为稍大的切块，放入带拉链的保存袋，加入柚子胡椒调料，将袋子封好口，在冷藏室放置1小时左右就完成了。

小妙招 734 [保存方法] 将整棵的白菜直接用报纸包好，放在阴凉处能长时间保存

还没有切开过的圆圆的白菜，常温状态下也可长时间保存。用报纸把白菜整个包住，放在阴凉避光处即可。已经切开的白菜，如果放置在常温下新鲜度难以保持，用保鲜膜包好放在冷藏室的蔬菜盒中即可。

小妙招 735 [保存方法] 白菜太大无法放进蔬菜盒时，压缩体积的小诀窍

白菜的个头很大，经常会因为体积太大无法放进冰箱蔬菜盒。这时加盐揉搓可以让白菜的体积大幅减小。将白菜切成大块，放入带拉链的保存袋中，加盐后用手揉搓即可。

西蓝花 ＊＊

西蓝花中富含胡萝卜素和维生素C。煮过后与蛋黄酱等蘸酱搭配会很好吃，来学一学如何处理西蓝花的小妙招吧。

小妙招 736 〔选择方法〕新鲜美味的西蓝花，可以这样判断

判断西蓝花的鲜度非常重要，检查花朵部分的状态是关键。要避开花朵呈黄色的，尽量挑选紧实而呈深绿色的。注意选择菜茎部切面没有裂开、没有污垢混入的西蓝花。

小妙招 737 〔预先处理〕用水浸泡，让西蓝花花朵内部也变干净

花朵内部易积存污垢和虫子，将西蓝花拆分成小朵后，先在水中浸泡。这样做能让花朵内部的脏东西浮出来。

小妙招 738 〔预先处理〕既环保又美味，如何煮西蓝花营养不易流失

将分成小朵的西蓝花放入锅中，加入少量的水和盐，盖上盖子煮一会儿。比起用大量的水来煮，既能节省燃气又能节水，还可以减少维生素C的损失。煮过之后将西蓝花平摊在竹屉中冷却，不要重叠，可以让西蓝花保持鲜绿。

小妙招 739 〔开始料理〕西蓝花茎部甘甜美味，要充分利用

削得厚一些

需要使用西蓝花茎部时，由于外皮较硬，削得厚一些是诀窍。做金平、炒菜、做汤或炒饭，各种料理中都能使用。

小妙招 740 〔保存方法〕西蓝花容易变质，煮熟后冷冻保存最佳

西蓝花在冰箱的蔬菜盒中最多能保鲜2天左右。时间长了花朵部分展开，味道和口感都会变差。要长时间保存，可以分成小朵后将茎部切成薄片煮熟。煮得偏硬一些，冷冻保存。做汤、奶油炖菜时想加一点绿色，立即就能使用，非常便利。

菜花 ＊＊

菜花的特点是富含维生素C，即便加热后营养成分也不易流失。菜花和西蓝花是近亲，但相比之下甜味更柔和，草腥味更弱，放在各种料理中都很合适。

小妙招 741 〔选择方法〕花朵紧实、颜色白的菜花更新鲜

挑选菜花时，最好选择花朵紧实的。尽量选择颜色白的新鲜菜花，变为茶色是不新鲜的表现。叶子和茎部呈鲜绿色、水分充足的更新鲜，切口部分开始变色的要尽量避开。

小妙招 742 〔预先处理〕要将菜花煮得又白又漂亮，加一点东西是诀窍

变白

煮菜花的关键是保持颜色。在煮开的水中加入少量的醋，就能煮得更漂亮。煮熟后在竹屉中摊开将水分控干，余热会让菜花变软，所以捞出时菜花状态偏硬正合适。

小妙招 743 〔开始料理〕使用微波炉，立即就能做好菜花腌菜

使用微波炉做菜花的腌菜，不用长时间腌渍也能入味，立即就能做好。在耐热容器中放入腌渍液，与分成小朵的菜花充分混合，用保鲜膜盖好后加热。如果用半个菜花，600瓦的微波炉加热3～4分钟即可，突然需要加一道菜时就能帮大忙。

小妙招 744 〔开始料理〕用菜花做低热量、健康的奶油浓汤

向认为奶油浓汤的热量太高的人推荐菜花版浓汤。在高汤中将菜花煮软，与牛奶一起放入搅拌机。如果再加入热量稍高的黄油炒洋葱，味道会更上一层楼。之后转移到锅中加热，加入盐、胡椒调味即可。

小妙招 745 〔保存方法〕要菜花长时间保持白色，冷冻保存是正确选择

在冰箱的蔬菜盒中保存菜花，最长只能贮存2天左右。时间长了颜色会改变，味道也会变差。如果不立即使用，最好冷冻保存。将菜花分成小朵，在开水中加一些醋，烫得偏硬一些，放入冷冻室保存。

料理步骤

小妙招掌握度测试

苦恼时的补救小妙招

肉类

鱼类

鸡蛋·乳制品·大豆制品

蔬菜·薯类

蘑菇·海藻·水果

主食

饮料

黄瓜 **

夏天应季的黄瓜非常水灵，能直接生吃。做成沙拉、用醋凉拌、做配菜、腌菜都不错，可以充分享受清新的香气和爽脆的口感

小妙招 746 [选择方法] 判断黄瓜是否新鲜，检查带不带刺是关键

判断黄瓜是否新鲜，检查黄瓜表面的刺就可以了。黄瓜刺尖尖的能刺到手指表明非常新鲜。黄瓜颜色呈深绿色、带有光泽是优质的证明。避免选择粗细不匀的，购买粗细均一的更好。

小妙招 747 [预先处理] 让黄瓜颜色漂亮又美味，必须掌握过盐技巧

要让黄瓜保持漂亮的绿色，首先要过一遍盐。

首先，把黄瓜放在菜板上，整体撒上一些盐。用手轻轻转动黄瓜让盐沾匀，然后流水冲洗。

这样做不仅能让黄瓜颜色保持鲜亮，顺便去除了表面的刺，还能让黄瓜更入味。

小妙招 748 [预先处理] 用这个诀窍就能安静地做出拍黄瓜

拍黄瓜比切的更容易进味，做凉拌菜最合适。但是拍黄瓜的时候声音很大，还可能会乱飞。这里推荐的方法是将黄瓜放入保鲜袋，下面垫上叠好的毛巾后再拍。这样还能省去洗菜板的步骤。

小妙招 749 [预先处理] 人人都能完美切出黄瓜丝的技术

先把黄瓜斜切然后将切片错开叠放，切成细丝。想切出较长的细丝，只要把倾斜角加大即可。

小妙招 750 [保存方法] 在冰箱的蔬菜盒中竖直放置，可以保持新鲜

保存蔬菜时，基本原则是采用与其在菜地时同样的放置方法。对于黄瓜来说，为了防止干燥，放入保鲜袋后放进蔬菜盒，将切口朝上竖直放置，让黄瓜立起来，可以用大号的杯子或把牛奶空盒切开使用，这样黄瓜可保鲜4～5日。

西红柿 **

西红柿中含有番茄红素，具有很强的抗氧化能力，可以预防动脉硬化，还有抗老化作用。

小妙招 751 [预先处理] 完美地去掉西红柿皮，用开水烫一下是诀窍

在西红柿表面切出十字刀痕，放入沸水中，然后将十字部分翻过来放入冷水中。

从十字刀口处就能轻松将皮剥掉。

小妙招 752 [预先处理] 只剥一个西红柿皮的时候，直接用火烤一下更方便

在西红柿表面切出十字刀痕，用叉子扎进蒂部，在炉灶上旋转着烤一下。后面的步骤与上一条小妙招一样，用冷水冷却后剥皮。

小妙招 753 [预先处理] 生西红柿研成泥就可以代替番茄酱

做番茄酱很花时间，这种做法在必须放一点酱汁、用量又少的情况中非常实用。只要将番茄酱研成泥，代替番茄酱即可。做番茄炖肉、炒番茄、意大利面、汉堡肉排、冷盘的酱汁、冷涮锅的酱汁等，柔和的味道非常好吃。

小妙招 754 [预先处理] 只要有一个竹屉，就能简单完成的自制番茄干

在家自制番茄干的方法非常简单。将迷你番茄的叶子摘掉，横着切一刀，去除番茄籽。在竹屉上摊开，用9～15天的时间晾干。放入可封口的保鲜袋后放入冰箱保存，完全风干后需要在密封容器中放入干燥剂再保存。

小妙招 755 [保存方法] 整个西红柿冷冻起来，很容易剥皮，做番茄酱也很简单

如果储存了大量西红柿，可以将蒂部切掉，用保鲜膜包好冷冻保存，冷冻番茄沾水后轻易就能将皮剥掉，做番茄酱正合适。无需完全解冻，在半解冻状态下也可以切开直接煮，放入番茄汤、咖喱等料理中增加酸味和甜味，非常好吃。

茄子 *✱

茄子中含有多种营养物质，味道清淡，与各式料理都能搭配融洽。可直接烤着吃、做成味道较重的麻婆茄子，做法多样。

小妙招 756 [选择方法] 观察蒂部，带尖刺的茄子更新鲜

首先观察茄子蒂部，新鲜的蒂部带尖刺，甚至会感觉扎手。避免选择蒂部已经变成茶色的，果实的颜色呈鲜亮的紫色，带有光泽的更好。

小妙招 757 [预先处理] 让茄子保持漂亮紫色、让美味加倍的去腥诀窍

静置 3~4 分钟

茄子的切面与空气接触会变成褐色。切开后立即放入水中浸泡，静置 3~4 分钟就可以了，这样做还能去除草腥味，防止茄子变色。

小妙招 758 [预先处理] 想迅速做好烤茄子，可以用竹签扎出小洞

想迅速做好烤茄子，可以用竹签把茄子扎出小洞，让茄子更容易受热，更快烤熟。不必扎得太深，只要轻轻戳出小孔即可。剥皮时竹签也非常有用，将竹签插入茄子皮和肉之间，就能顺势轻松地将皮剥下。

小妙招 759 [开始料理] 腌茄子时放入铁钉，可以让茄子呈现漂亮的紫色

做腌菜时茄子容易变为褐色，这是因为茄子中的色素乳酸发酵后变色造成的。为了防止这种情况，可以用纱布包住几枚铁钉放入腌菜缸，茄子中的色素与铁质结合状态稳定，就能保持鲜艳的紫色了。

小妙招 760 [开始料理] 用微波炉做麻婆茄子，可以降低热量

茄子本身的热量很低，但果肉呈海绵状，容易吸油。因此做炒菜、炸着吃都会让热量大幅提升。做麻婆茄子的时候，不要下锅油炸，用微波炉加热之后再和肉馅一起炒，可以降低菜的热量。

青椒、辣椒 *✱*

青椒和辣椒中维生素丰富。由于表皮较厚，加热之后维生素C的损失也较少。带有香味的吡嗪成分，据说具有疏通血管的作用。

小妙招 761 [预先处理] 炒菜时平行于纤维切块，做沙拉垂直切块

做青椒肉丝等炒菜时，保留青椒爽脆的口感更好吃。因此平行于青椒纤维切块是正确做法。但做生吃的沙拉时，垂直于纤维切块口感更佳。

小妙招 762 [预先处理] 将青椒切成两半后翻过来，轻松切块

青椒籽

将内侧向上

青椒的皮厚而光滑，从外侧不容易切。竖着切成两半后将青椒籽去除，内侧朝上切，就能轻松切成小块。

小妙招 763 [预先处理] 做青椒包肉，只要用这个诀窍就不会让肉馅分离

茶漏

筛入面粉

做青椒包肉时常会失败，因为烤制途中肉馅容易和青椒分离。为了避免这种情况，填充肉馅之前，先在青椒内侧用茶漏筛入一些面粉即可。

小妙招 764 [开始料理] 烤过之后甜味增加，适合轻松时吃的一道小菜

青椒或辣椒在火上烤过后甜味更明显，使用烤箱或烤架将外皮烤焦，沾些酱油，就非常美味了。加入生姜、木鱼花会更好吃。不喜欢带皮口感的人，烤过之后过一遍水就能轻松将外皮剥掉。

小妙招 765 [保存方法] 切成细丝后冷冻保存，做炒菜时多多使用

将青椒切丝，生的状态下直接冷冻保存，口感不会发生变化。做炒菜时直接将冷冻的青椒放入非常方便。如果有冷冻的青椒，就能立刻做好一道青椒肉丝，希望给炒菜加入一点绿色时也极为便利。

料理步骤

小妙招掌握度测试

苦恼时的补救小妙招

肉类

鱼类

鸡蛋·乳制品·大豆制品

蔬菜·薯类

蘑菇·海藻·其他

芦笋 **

除了富含胡萝卜素和维生素 C，芦笋中还含有能帮助恢复疲劳的一种叫作天冬酰胺酸的氨基酸成分。芦笋尖还有能预防动脉硬化和高血压的芸香苷成分。

小妙招 766 [选择方法] 茎部粗壮，芦笋尖紧实的味道更好

选择芦笋茎部直而粗壮，笋尖收紧的更新鲜。颜色呈鲜艳的绿色品质更优。不过笋尖如果出现紫色，是一种被称作"花色苷"的色素，并不是芦笋不新鲜的表现。

小妙招 767 [预先处理] 硬的笋根可以直接用手折断去除

芦笋的根部很硬，一半用菜刀切掉，但有时不知道怎样切更好。

可以用手弯曲根部，在适当的地方折断去除即可。

小妙招 768 [预先处理] 芦笋外皮上的尖头，用削皮刀可以快速去除

芦笋茎上突出的三角形尖头很硬，口感不佳，最好要去除。用菜刀去除也可以，但用削皮刀更轻松。即便芦笋根部的皮很硬，也可以从上至下用削皮刀划过轻松去皮。

小妙招 769 [开始料理] 想将芦笋整个放在锅里煮的时候，可以用平底锅

不切开，将一根芦笋整个放在锅里煮的时候，却发现没有足够大的锅！

这时使用平底锅非常便利。在平底锅中将水烧开，抓住笋尖部分先将根部放入开水，10 秒钟左右之后再放入笋尖。这样就能让芦笋加热均匀。

小妙招 770 [开始料理] 芦笋与猪肉搭配，恢复疲劳的效果倍增

芦笋中含有天冬酰胺酸，有恢复疲劳的功效。猪肉富含维生素 B_1，同样具有恢复疲劳功效，与芦笋一起料理，就是最强组合了。芦笋炒猪肉、猪肉卷烤芦笋，花些心思就能让菜单更丰富。

秋葵 **

秋葵中的黏黏的汁液是果胶和黏蛋白，有帮助胃肠蠕动的功效。快速地在热水中焯一下，放入凉拌菜中，清脆的口感非常好吃。

小妙招 771 [选择方法] 秋葵表面的绒毛是检查新鲜程度的要点

呈鲜绿色、表面有一层绒毛覆盖的秋葵是新鲜的。切开之后，秋葵的断面变为茶色，要尽量避开，颜色白的才是新鲜的。

还要检查秋葵的大小，过大的秋葵很有可能味道不好，要选择大小适中的。

小妙招 772 [预先处理] 去秋葵蒂时，用削铅笔的手法旋转着削去

秋葵蒂部较硬，去除之后口感才好。用削铅笔一样的手法旋转着用菜刀削去即可。

小妙招 773 [预先处理] 处理绒毛时可以在菜板上滚一遍盐

绒毛

菜板上滚一遍

秋葵的绒毛吃到嘴里感觉不好，可以用在菜板上滚一遍盐的方法处理。将秋葵放在菜板上，撒上盐，用手轻轻转动即可。煮秋葵时直接放入热水中，用在炖菜当中时迅速清洗一遍即可。

小妙招 774 [开始料理] 将秋葵与纳豆混合在一起，对预防中暑很有效，是营养丰富的一道小菜

夏季是秋葵的时令季节，天气炎热食欲下降时吃秋葵最合适。特别是纳豆组成的"黏黏组合"，营养丰富，最适合预防中暑。将秋葵煮熟后切成小块，与纳豆混合在一起即可，如果再加一个鸡蛋就更好吃了。和米饭非常搭配，与荞麦、素面一起吃也不错。

小妙招 775 [保存方法] 集中处理后冷冻起来，少量使用时非常方便

去除秋葵的蒂部、绒毛，这些预先处理的步骤做起来有些麻烦。一次性将准备工作做好，迅速用热水焯过一遍之后冷冻保存。还可以切成小块后冷冻保存，少量使用时非常方便。

南瓜 **

南瓜不光可以做菜，还能广泛使用在甜点中。南瓜中富含胡萝卜素、维生素C，有着"恢复童颜维生素"之称的维生素E，特别推荐女性食用。

小妙招 776 [选择方法] 选择味道甜、熟透的南瓜的小诀窍

南瓜蒂部切面干燥，周围带有凹痕和斑点的是完全熟透的南瓜。选择外皮较硬、重量较沉的南瓜。如果是已经切开的，要选择种子大而密的，果肉颜色浓郁的更优。

小妙招 777 [开始料理] 利用余热，煮出软糯的南瓜

余热

关火

南瓜加热后形状容易塌掉，需要格外注意。想煮出完美的南瓜，煮10～15分钟后关火，利用余热保温是诀窍。这样煮出的南瓜的形状完整、口感软糯。

小妙招 778 [开始料理] 种子不要扔掉，可以自己烤南瓜子

南瓜子常用在点心上做点缀，其实自己在家也能轻松地烤南瓜子。将种子清洗过后吸干水分，晾干2～3天后，平置在烤盘中，放入吐司炉。烤出脆香的南瓜子，去壳后用在蛋糕或面包上。

小妙招 779 [保存方法] 切还是不切？根据状态选择最合适的保存方法

整个南瓜在阴凉处可以保存一个月以上。切块的南瓜蒂部和种子容易变质，用勺子将种子去除，用保鲜膜包好放入冰箱蔬菜盒中保存。

小妙招 780 [保存方法] 冷冻保存的南瓜，用微波炉加热，就能恢复软糯

冷冻南瓜能否保持软糯的口感是关键。把南瓜切成一口大小，在微波炉中加热，再放入冰箱冷冻，就可去除多余水分。解冻时用微波炉加热，就能恢复南瓜的软糯口感。用在沙拉中非常方便。

莲藕 **

富含维生素C食物纤维，具有抗氧化作用的单宁酸、保护胃粘膜的黏液素。除了放在小菜、沙拉里，也可以研磨成泥，作为料理中的黏着食材。

小妙招 781 [选择方法] 从莲藕的孔中能检查是否新鲜

避免选择切口变为茶色的，选择白色而水分充足的莲藕。就算切口看起来很新鲜，也要注意检查孔中是否已经变质。形状以圆柱状、有厚度的为宜。

小妙招 782 [预先处理] 削皮时使用削皮刀会更轻松

也可以先切成片

削皮刀

莲藕比较硬，菜刀削皮很困难，但使用削皮刀竖着刮就很轻松。先切片，再用菜刀一片片去皮也可以。

小妙招 783 [预先处理] 接触空气容易变色，要立即把切好的莲藕放入醋水中

莲藕中含有属于多酚家族的单宁酸成分，在它的作用下，切口会很快变色。切开后应立即放入醋水，不要长时间接触空气。煮莲藕时在水中加少量的醋，也能让它的颜色保持不变。

小妙招 784 [开始料理] 研磨成泥，变为有黏性的新鲜口感

莲藕口感爽脆，还可以研磨成泥来使用。莲藕泥本身具有黏着性，不需要加面粉就能捏成小圆饼，在平底锅中放入少量油煎一下即可。用酱油或味噌调味都不错。

将莲藕泥放入汉堡排、肉丸子中做黏着材料，可以省去面粉和鸡蛋，让肉呈现软软的口感。

小妙招 785 [保存方法] 为了防止变色，要将容易变质的切口密封好

将一整节莲藕放入保存袋，放入冰箱蔬菜盒中保存。切块的莲藕与空气接触容易变色，要用保鲜膜仔细包好。

料理步骤

小妙招掌握度测试

苦恼时的补救小妙招

肉类

鱼类

鸡蛋·乳制品·大豆制品

蔬菜·薯类

蘑菇·海藻·水果

主食

饮料

萝卜 *

萝卜不光是萝卜根，叶子和皮也可以利用起来，是一种不会浪费的蔬菜。萝卜根中富含维生素C，叶子中也有大量的胡萝卜素、维生素C、钙质和铁质等营养元素。

小妙招 786 [预先处理] 用淘米水煮萝卜，美味度上升！

做煮萝卜、关东煮中的萝卜时，先煮一次去除草腥味会更美味。这时用淘米水煮萝卜最佳。将萝卜和淘米水放入锅中，小火煮到萝卜变软。煮好后再过一遍水即可。也可以在锅中加入少量生米用来代替淘米水。

小妙招 787 [预先处理] 将萝卜削成带状，用在煮或锅类料理中

煮物或锅类料理中的萝卜大部分都切成段状或半月型，但这样的切法，需要煮的时间较长，也不容易入味。用削皮刀将萝卜削成飘带状，既容易熟又容易入味，用极短的时间就能出锅。飘带的形状很漂亮，还能成为料理的亮点。炒菜时也可以用。

小妙招 788 [预先处理] 在萝卜上划两刀，更容易入味

划出刀口

十字切口

要让汤汁的美味完全融入萝卜中，最好在萝卜上划几刀。切出十字刀口，入刀深度约为萝卜切断的一半，就会容易入味了。

小妙招 789 [预先处理] 剩下一点萝卜时，可以用来做萝卜干

萝卜吃不完剩下一点，正好用来做萝卜干。洗净后去除多余水分，不用削皮直接切成条，放在通风良好处晾晒2～3天即可。把萝卜条放入带密封的保存袋，袋中放入干燥剂，常温可保存一个月左右。

小妙招 790 [开始料理] 锅类料理用萝卜芯，萝卜泥用尾部

萝卜不同部位的味道和口感有很大差别。顶部接近叶子的部位纤维较多，适合用于煮萝卜等味道浓郁的料理。中部较软味道甘甜，做很多料理都很适合，用在白煮萝卜、锅类料理中都很美味。尾部较辣，做萝卜泥最合适。

小妙招 791 [开始料理] 做简易腌萝卜片，品尝萝卜的美味

做地道的腌萝卜很费时费力，但不妨挑战一下简易版本。将萝卜切成1～2毫米的薄片，撒上盐，去除多余水分，将昆布切丝，放入醋、糖、盐，放置一会儿使之入味。放一些柚子味道更佳。萝卜的清甜、爽脆口感非常宜人。

小妙招 792 [开始料理] 萝卜皮不要舌掉，炒制后可以做下酒菜

萝卜皮很有弹性，用在料理中会增添独特的口感。特别推荐的做法是切丝炒金平。将萝卜皮切丝，用芝麻油炒，放入酱油、味淋调味，根据口味加一些调味料。萝卜皮会呈现出特有的微苦美味，是极好的下酒菜。

小妙招 793 [开始料理] 营养丰富的萝卜叶，可以做成拌饭菜

如果买来带叶子的萝卜，趁新鲜时可以做成拌饭菜。把萝卜叶切碎，用芝麻油炒，加入酱油、味淋，最后加入木鱼花即可。无论是撒在米饭上还是做成饭团馅都很美味。煮过的叶子混入饭中做成菜饭、做饺子馅、放在炒饭中也是推荐做法。

小妙招 794 [保存方法] 保持新鲜的诀窍是将叶子切下分开保存

报纸

叶子容易让萝卜根部失去水分，所以最好分别保存。整根的萝卜用报纸包好放在阴凉处，切块的萝卜用保鲜膜包好放入冰箱冷藏室。

小妙招 795 [保存方法] 冷冻生萝卜前先切丝或磨泥

将切成丝的萝卜放入冷冻室保存，做味噌汤时可以直接放入，口感保持不变。将萝卜磨成泥后冷冻也很方便。分成小份保存，需要时拿出一点使用非常方便。

料理步骤

小妙招掌握度测试

苦恼时的补救小妙招

肉类

鱼类

鸡蛋·乳制品·大豆制品

蔬菜·薯类

蘑菇·海藻·水果

主食

饮料

芜菁 ✱✱

生吃的口感爽脆味道清甜，加热后像是融化般的口感，是芜菁特有的魅力。芜菁叶中富含胡萝卜素，营养丰富，不要丢掉，可以善加利用。

小妙招 796 [选择方法] 选出水分充足、味道清甜芜菁的方法

选择根部为白色、圆鼓鼓的芜菁，不要选表面有伤痕、皱褶的。根部须少的较好，还要注意叶子是否硬挺、呈鲜绿色。叶子变黄、卷曲的要尽量避免选择。

小妙招 797 [预先处理] 用竹签洗茎根部，可以洗得更干净

茎的根部容易积存污泥，流水也很难洗掉。用竹签来回插入，就能轻松去除污泥。

小妙招 798 [开始料理] 只要加入昆布茶，就能做出美味的腌芜菁！

做个简易的腌菜吧。将根部切块，叶子切段（长3厘米左右），撒上一些盐，去除多余水分后放入保鲜袋中，加入一些昆布茶，10分钟左右就能享用了。

小妙招 799 [开始料理] 学会做年菜中的菊花芜菁，变身料理达人

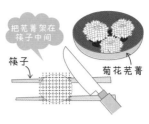

把芜菁架在筷子中间

筷子

菊花芜菁

去皮后将切口朝下放置，切出小格子状切口（不要切断），架在两只筷子上。撒上些许盐水取出水分，用甜醋腌制即可。

小妙招 800 [保存方法] 将根部和叶子切开分别保存，可以保持水分

叶子容易蒸发水分让芜菁失去爽脆的口感，所以最好将根部和叶子切开分别保存。连着一点根部切下，叶子就不会散开。将根部用保鲜膜包好，叶子用报纸包好，放入冰箱蔬菜盒中，可以保存3～4天。

牛蒡 ✱✱

牛蒡的独特口感是它的最大魅力。此外牛蒡含有多种食物纤维，尤其是水溶性的食物纤维，具有吸收胆固醇和糖分的作用，能让肠胃活动更顺畅。

小妙招 801 [预先处理] 不削皮，用菜刀刀背将表皮刮掉是正确做法

牛蒡的美味部分紧贴着外皮，因此刮掉外皮就会使牛蒡独有的香味和鲜味流失。剥皮时不要用削皮刀，可以用菜刀刀背或团成一团的锡纸（与小妙招279相同）将表皮刮掉即可。

此外，要去除草腥味，可以把牛蒡在水中沾湿，但注意不要长时间在水中浸泡，会让美味成分流失。

小妙招 802 [预先处理] 做沙拉时用这种煮法可以煮得更白

要想把牛蒡做得白而漂亮，煮的时候使用这个小妙招会很有用。白色的牛蒡，放在沙拉和拌菜里使用，颜色非常漂亮，要记住这个方法：在热水中加入少量的醋，就能让牛蒡保持白色。

小妙招 803 [预先处理] 新手也不会失败的削牛蒡技巧

旋转着削

像削铅笔一样削牛蒡是一般做法，但用手拿不稳，容易失败。不妨把牛蒡放在菜板上用手压住，一边旋转一边削去外皮，更容易操作。

小妙招 804 [开始料理] 金平牛蒡要保证清脆口感，切法是关键

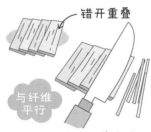

错开重叠

与纤维平行

要保留牛蒡的口感，与纤维平行切成细丝是关键。切成4～5厘米长的片，再将牛蒡的薄片错开重叠，切成细丝。

小妙招 805 [保存方法] 要妥善保存才能留住牛蒡的美味

带着泥土的牛蒡容易干燥，可以用报纸包住之后放在阴凉处保存。洗过以后的牛蒡，不易长时间保存，要放入保鲜袋中，放进冰箱蔬菜盒中保存，并且要尽快食用。

料理步骤

小妙招掌握度测试

苦恼时的补救小妙招

肉类

鱼类

鸡蛋·乳制品·大豆制品

蔬菜·薯类

蘑菇·海藻·水果

主食

饮料

胡萝卜 **

胡萝卜富含胡萝卜素，是黄绿色蔬菜的代表。一年里无论何时都能够吃到，但冬天的胡萝卜的甜味更强，胡萝卜素含量也更充足。无论是炒菜还是炖煮、做炸物，哪种方法都适合。

小妙招 806 [选择方法] 胡萝卜是否好吃，看根部切口就能知道

切口小的更软

切口

胡萝卜叶子的切口小、根部较细的质地更软。切口大的芯较粗、质地较硬，要尽量避免选择。颜色较深的，胡萝卜素的含量更高。

小妙招 807 [开始料理] 与油一起料理，能让胡萝卜素更有效吸收

胡萝卜中含有丰富的脂溶性胡萝卜素，用在有油的料理中，可以更有效吸收。无论与色拉油、芝麻油、橄榄油还是黄油一起料理，都能让胡萝卜素的功效发挥得更好。

小妙招 808 [开始料理] 用微波炉就能简单地做出黄油炖胡萝卜

黄油炖胡萝卜经常作为配菜出现在餐桌上，在锅里煮会很费时间，不妨用微波炉来料理。在耐热容器中放入水、砂糖、盐充分混合，放入胡萝卜后，在上面放上黄油。轻轻地用保鲜膜盖好，在微波炉中加热就做好了。

小妙招 809 [开始料理] 不要把胡萝卜叶扔掉！切碎之后可以做拌饭菜

胡萝卜叶比根部的胡萝卜素含量更高，如果买来的胡萝卜带叶子，可以用来做拌饭菜。将叶子切碎炒熟，放酱油、味淋，最后加些芝麻即可。

此外做芝麻拌菜、炸牡蛎时放一些胡萝卜叶会很美味。切碎后代替香菜给汤增添些绿色也不错。

小妙招 810 [保存方法] 把胡萝卜切成各种形状冷冻保存，随用随取

胡萝卜是经常使用的食材，集中一次处理完毕比冷冻储存更方便。切成细丝、细长的薄片、圆形薄片、滚刀块等经常使用的形状，料理时就能直接使用了。切成细丝的胡萝卜直接冷冻即可，其他形状的要煮过之后再冷冻保存。

生菜 **

生菜的特点是口感爽脆，大多数情况下用于生吃，但放入炒菜和汤中也很美味。不要认为生菜＝沙拉，熟的生菜也能活跃在各式料理中。

小妙招 811 [预先处理] 给用在沙拉里的生菜叶洒一点水，菜叶就能恢复生气

生菜的关键在于口感，洗过之后立即放在沙拉里，菜叶打蔫口感不佳。生吃生菜时，洗过之后在水中浸泡5分钟左右，让菜叶恢复水润状态，吃起来也更爽脆可口。

小妙招 812 [预先处理] 去除沙拉中的水分，用厨房纸＋保鲜袋就可以

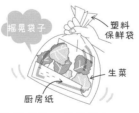

摇晃袋子

塑料保鲜袋

生菜

厨房纸

沙拉里水分太多时，可以使用市面上卖的沥水器，不过用手边现有的工具代替也可以。在塑料袋中放入厨房纸，再把生菜放入摇晃甩干，就能去除沙拉中的水分。

小妙招 813 [预先处理] 用菜刀切开后会变色，要用手撕开

生菜用铁质的菜刀切开，切口容易氧化变成茶色，因此用手撕的方法更好。不过使用不锈钢或陶瓷刀就没有氧化的顾虑了。

小妙招 814 [开始料理] 不仅可以生吃，还能煮着吃、炒着吃，让料理的种类多样

做生菜时，用大火快煮是关键，这样可以保留生菜特有的爽脆口感。炒菜、煲汤，或者蒸、煮、做凉拌菜都很美味。加热后生菜体积减小，所以做准备时可以多买一些。

小妙招 815 [保存方法] 生菜带芯保存容易变质，要把菜芯去除

将容易变质的菜芯部分去除，用湿润的厨房纸包好，在冰箱蔬菜盒中保存。去芯的时候要用手抓住，旋转着轻轻取下。

料理步骤

小妙招掌握度测试

苦恼时的补救小妙招

肉类

鱼类

鸡蛋·乳制品·大豆制品

蔬菜·薯类

蘑菇·海藻·水果

主食

料理饮料

洋葱 **

洋葱独特的气味和辣味来源一种叫作"二烯丙基硫"的成分，有疏通血管的作用。此外还具有能让维生素 B_1 更易吸收，有效帮助恢复疲劳的功效。

小妙招 817 [预先处理] 轻轻松松切出洋葱丁的小窍门

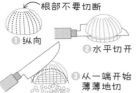

将洋葱纵向切成两半，然后细细地切出刀口，不要将根部切断。然后与切面水平再切 3～4 刀，再从一端开始薄薄地切就能切出洋葱丁了。

小妙招 819 [汤] 挂在通风好的地方可以长时间保存

将洋葱放在竹屉上，保存在通风良好的地方，可以储存相当长的时间。放入网袋或篮子，挂起来放最理想。新采的洋葱、切开一半的洋葱不能长时间保存，用保鲜膜包好后放入冰箱的蔬菜盒中。

小妙招 816 [预先处理] 想切洋葱不流眼泪，要用锋利的菜刀迅速利落地切

切洋葱流眼泪是因为其中含有的二烯丙基硫成分刺激眼睛、鼻子黏膜。要抑制二烯丙基硫，诀窍是要使用锋利的菜刀，同时避免破坏洋葱纤维。切之前将洋葱放入冰箱也非常有效。

小妙招 818 [预先处理] 做炒菜平行于纤维切，做沙拉竖直于纤维切，口感更佳

切洋葱时方向不同，口感也不一样，要选择适合料理的切法。沿着纤维切更有嚼劲，垂直于纤维切口感更软，适合生吃。

小妙招 820 [保存方法] 炒过之后再冷冻，可以让料理过程大大加速

小火慢炒，可以充分带出洋葱的甜味，让料理味道更好。一次性处理完毕后冷冻起来，使用起来效率更佳。切成薄片、洋葱丁慢慢炒熟，冷却后分成小份冷冻保存。用在咖喱、汤、汉堡肉饼中可以让料理过程大大加速。

大葱 **

与洋葱一样，大葱中也有"二烯丙基硫"成分，因此产生独特的香味和辣味。多数时候，大葱作为佐料放入料理中，加热后甜味加强，美味更升级。

小妙招 822 [开始处理] 不要扔掉绿色的大葱叶，可以用来去除肉的腥味

大葱的绿叶部分切成葱花，放在味噌汤中使用是常见做法。但是大葱叶的气味较强，很多人吃不习惯。可以用在炖猪肉、蒸鸡肉等料理中，去除肉的腥味。

小妙招 824 [保存方法] 带根的大葱，插在泥土里可以长时间保存

如果买来的大葱带根，可以在院子里挖一个小坑，把大葱斜放用土盖住，可以长时间保存，但要注意避开阳光直射和雨水。不必把大葱整个埋在土里，只要把根部到白色部分盖住即可。没有院子，埋在阳台花盆中也行。

小妙招 821 [预先处理] 只要切出开口，就能快速做出葱花

一般切葱花时的做法是直接向下切，但下半部容易散开变得不好切。用刀尖部分在大葱段上戳出几个开口，再纵向切，就很容易切出葱花。

小妙招 823 [开始料理] 微辣的大葱酱汁，能让司空平常的料理焕然一新

平常吃惯的料理中加入大葱就能让味道焕然一新。首先将大葱切碎，将盐、粗粒胡椒、芝麻油搅拌在一起，作为炖猪肉、蒸鸡肉和蔬菜的酱汁非常合适。微辣味酱汁与醋、酱油、豆瓣酱、芝麻油混合，搭配炸鸡块、涮猪肉、黄油煎鱼都很美味。

小妙招 825 [保存方法] 切碎后平放，冷冻保存，折一小段

将大葱切成小段或葱花，放入保鲜袋平铺冷冻保存。作为调料少量使用时，用手折下这一小部分，只取所需的用量即可。

料理步骤

小妙招掌握度测试

苦恼时的补救小妙招

肉类

鱼类

鸡蛋·乳制品·大豆制品

蔬菜·薯类

蘑菇·海藻·水果

主食

饮料

土豆 *＊

土豆富含维生素 C，主要由淀粉组成，所以即使加热后也不容易碎。从沙拉到可乐饼、炒菜、咖喱、配菜，可以用在各种不同的料理中。

小妙招 826 [选择方法] 品种不同的土豆具有不同的口感，要根据料理特点选择

"男爵"（图左）的口感绵软，适合做可乐饼、土豆沙拉。"五月皇后"（图右）不容易煮碎，做咖喱、土豆炖肉等料理更合适。

小妙招 827 [预先处理] 土豆芽中有毒素，要挖掉之后再料理

土豆芽中含有有毒物质"龙葵素"，大量食用会造成上吐下泻，剥皮之前用菜刀尖头或削皮刀的凸起部分挖掉土豆芽之后再料理。

小妙招 828 [预先处理] 将土豆整个加热，就能做成口感绵软的土豆沙拉

做土豆沙拉时，大部分人会选择削掉皮后切成大块再把土豆煮熟。但要想土豆口感更绵软，不削皮，直接加热的效果更好。在水里煮也可以，用微波炉更加简便。用保鲜膜包好后放在微波炉中（600 瓦），一个土豆加热 3 分钟左右即可。

小妙招 829 [预先处理] 趁热剥土豆皮，用厨房纸包住，非常简单

土豆整个煮熟、用微波炉加热后，用厨房纸包住，趁热揉搓土豆，表皮就会自然脱落，非常简单。

小妙招 830 [开始料理] 无需使用滤网，简单不费功夫的土豆泥做法

咚咚地敲打

塑料袋

做土豆泥时，如果觉得使用滤网太费事，不妨试试这种做法。将土豆煮熟去皮，放入塑料袋，用擀面杖敲打。虽然这样做出的土豆泥与用滤网做出的口感稍有差距，但反复敲打后，土豆的口感会变得非常顺滑，作为日常小菜已经足够。做法非常简单，如果觉得想吃土豆泥了，不用花多少功夫就能做好。

小妙招 831 [开始料理] 做土豆炖肉，中间冷却一下能更入味

做土豆炖肉时肉的鲜味流出到汤汁中，怎样让土豆更入味是美味的关键。因此比起一直焖煮，中途关火静置 30 分钟左右，让味道更容易被土豆吸收，也不容易把形状煮碎。

小妙招 832 [开始料理] 做土豆沙拉要趁热时调味

煮好的土豆冷却后不容易入味，趁热将土豆捣碎，立即撒上盐、胡椒，再倒醋是基本方法。这样做土豆能更充分地吸收调味料，味道更浓郁，放凉后再加入蛋黄酱搅拌，一道美味的土豆泥就做好了！

小妙招 833 [开始料理] 想要炸出酥脆的土豆，要经过两次油炸

要做出表面酥脆、中间绵软的炸土豆，推荐用两次油炸的方法。先用 140～150 度的油温炸一遍，土豆变得不软后捞出。再用 180～190 度的油温炸第二遍，炸至土豆表面成焦黄色即可。

小妙招 834 [保存方法] 让土豆避免生芽，可以与苹果一起保存

防止发芽

塑料袋

苹果释放出的乙烯气体可以抑制土豆发芽。将土豆和苹果一起放入塑料袋，就能让土豆避免发芽。

小妙招 835 [保存方法] 先做成土豆泥再冷冻，土豆就不会变干

将炖土豆等料理冷冻的时候，解冻后土豆容易变干，味道下降。但是如果做成土豆泥再冷冻就不会有这样的顾虑了。用微波炉解冻，在土豆沙拉、可乐饼中使用非常方便，冷冻咖喱时用塑料袋装好，再料理时直接从袋子上折下一块解冻即可。

料理步骤

小妙招掌握度测试

苦恼时的补救小妙招

肉类

鱼类

鸡蛋·乳制品·大豆制品

蔬菜·薯类

蘑菇·海藻·水果

主食

饮料

红薯 **

甜味很强、口感绵软的红薯，无论是做菜还是做点心都有它活跃的身影。红薯中富含维生素和食物纤维，还有美容和预防便秘的作用。

小妙招 836 [预先处理] 去掉土腥味重的外皮，用水漂洗是基本做法

红薯紧贴着外皮的部分土腥味较重，要做出颜色好看又好吃的红薯，去皮时去掉约2毫米厚最合适。切开后注意不要与空气接触，否则会氧化变黑，立即在水中漂洗，浸泡15分钟左右即可。

小妙招 837 [预先处理] 花点时间将红薯慢慢煮熟，这样味道更好

用煮或蒸的方法，比起用微波炉快速加热的甜味更强。

小妙招 838 [预先处理] 用微波炉加热整个红薯，翻面时机是关键

带皮整个红薯放入微波炉中加热时，要注意避免受热不均。将红薯用保鲜膜包好，1个红薯在600瓦的微波炉中加热4分钟左右，打开翻面后再加热2分钟。这样就能让红薯受热均匀了。

小妙招 839 [预先处理] 做"金团"时让颜色漂亮，可以利用栀子的种子

新年料理中必不可少的"金团"（红薯、栗子饼），金黄的颜色给人喜庆的感觉。要做出漂亮的金色，需要准备一些栀子种子，煮红薯时与茶包一起放入。栀子中的色素溶于水中，将红薯染成黄色，这是一种天然色素，可以放心食用。

小妙招 840 [保存方法] 红薯低温保存容易变质，要用报纸包好

红薯在低温环境中保存容易变质，不要放在冰箱里。用报纸包好放在阴凉干燥处即可。但是切开一半的红薯就要用保鲜膜包好后放入冰箱蔬菜盒中保存，尽快食用。

芋头 **

芋头独特的黏性是半乳聚糖和黏蛋白成分的作用。这两种物质都有保护肠胃的作用，半乳聚糖还能提高免疫力。

小妙招 841 [选择方法] 美味的芋头能从头部分辨

带着泥土的芋头从外表来判断味道好不好比较困难。摸外皮时感觉到有点湿湿的，是比较新鲜的证据。轻轻按尾部，感觉偏软，是不新鲜的表现。

小妙招 842 [预先处理] 剥皮时碰到黏液手会痒，用醋水蘸一下能有效改善

醋水

如果痒痒

手指发痒的原因是其中的草酸碱结晶成分。这种物质刺激到皮肤，会引起强烈的瘙痒感。这时用醋来处理非常有效。用手蘸一下醋水后再削皮，就能有效抑制痒痒的感觉。

小妙招 843 [预先处理] 轻松剥去芋头外皮的诀窍，效果惊人地好

去除芋头外皮非常麻烦，这时可以用微波炉处理。将泥土去除，用保鲜膜包好后加热，很轻松就能剥下外皮。在炒菜或炖菜中使用时，用600瓦的微波炉中放4个芋头加热5分钟左右即可。

小妙招 844 [预先处理] 用盐揉搓芋头，即可以去除黏性表层

去除黏性表面

盐

要想做出白白的芋头，用盐揉搓后去除芋头的黏性表层就可以实现。将去掉外皮的芋头放入碗中，整体撒上盐，用手揉搓，黏性表层就会脱落。之后用水冲洗干净即可。

小妙招 845 [开始料理] 推荐可以让营养成分充分发挥的原味料理做法

芋头含有半乳聚糖和黏蛋白成分，能在料理过程中最大程度保留营养物质的方法最佳。在放入味噌汤中、用干烧法、用于豚汁（猪肉汤）中时，无需去除黏性表层，可以直接使用。

料理步骤

小妙招掌握度测试

苦恼时的补救小妙招

肉类

鱼类

鸡蛋·乳制品·大豆制品

蔬菜·白薯

菌类·海藻·水果

主食

饮料

香菇 **

香菇中富含维生素 D 和食物纤维，还有能降低胆固醇、促进胃肠蠕动的木质素成分，以及具有抗癌作用的香菇多糖。晒干的香菇比鲜香菇的味道更浓郁，营养价值也更高。

小妙招 846 [选择方法] 矮胖型的香菇味道更好

香菇的伞部形状圆、肉质厚，柄部短粗的质量更优。选择伞部呈浅茶色、没有皱褶和裂纹的香菇。还要检查伞部内侧，菇底褶张开太大的香菇味道会变差，要选择没有完全张开的。

小妙招 847 [选择方法] 根据不同料理，选择不同种类的干香菇

干香菇有许多种类，常见的有冬菇和香信两种。冬菇的肉质较厚口感有弹性，适合炖煮、锅类料理。香信的伞部较薄，推荐炒菜、焖饭时使用。

小妙招 848 [预先处理] 不要用水洗，要用布把蘑菇擦干净

香菇等菌类用水洗过后风味会流失，变得水嗒嗒的。市面上卖的大部分菌类都采用无菌栽培技术，不用水洗，只用干布擦掉尘土即可。如果一定要洗，只要稍微冲一下即可，之后将水分彻底控干。

小妙招 849 [预先处理] 还原干香菇时要用盖子

香菇在水中会浮起来。用盘子做盖子，把香菇覆压住，让其没入水中，这样香菇就能均匀地还原。

小妙招 850 [开始料理] 想要做好香菇酿肉，要从有肉的一面开始煎

煎香菇酿肉时，翻过面来容易导致肉馅和香菇分离。为了避免这种失败，可以在香菇伞内侧沾上一些面粉，煎的时候从有肉的一面开始煎。肉煎出焦黄色后放调味料，盖上锅盖蒸煮片刻，再翻面煎，就不用担心散掉了。

金针菇 **

金针菇具有独特的清爽口感，做炒菜、炖菜、凉拌、汤等，可以用在各式料理中。它富含多种维生素 B，以及具有抗癌作用的香菇多糖成分。

小妙招 851 [选择方法] 要选择伞部小、没有展开的金针菇

伞部打开后的金针菇味道变差，要选择伞部较小、没有展开的金针菇，颜色呈漂亮的乳白色的更新鲜。根部变为茶色的要尽量避开。

小妙招 852 [预先处理] 切掉菌根时，套着袋子切金针菇就不会散开

菌根   从袋子上切

菌菇类的根部叫作"菌根"，预先处理时一般要切掉。金针菇切掉根部后会散开，所以套着袋子切更方便。

小妙招 853 [预先处理] 露天放置2~3天将金针菇自然风干，味道就能大大提升

菌菇类经过风干处理后产生独特的鲜味，风味会更好。金针菇不用完全风干，半干状态更美味。将菌根部分切除分成小份，在竹屉上摊开放在通风良好的地方晾2~3小时。使用时无需浸泡，直接放入炒菜或汤中就能使用。

小妙招 854 [开始料理] 只要有金针菇，自己在家也能做金针菇拌饭菜

与米饭搭配最美味的金针菇拌饭菜。自己在家做，无需担心添加剂，吃起来放心，做法也很简单。将金针菇的菌根部分切掉，再切成3~4等份，放入酱油、酒、味淋，开火加热。用小火煮几分钟至金针菇变软，根据个人喜好放入红辣椒粉、柚子胡椒汁、梅干果肉等都很美味。

小妙招 855 [开始料理] 把金针菇分开冷冻，直接取出使用非常便利

将金针菇直接冷冻，口感不会有太大改变。切掉菌根部分后将金针菇分开，用保鲜膜包好后分成小份装入保鲜袋冷冻保存。使用时只取出必要的分量即可，非常便利。

裙带菜 **

裙带菜可以做味噌汤、放醋凉拌、炖菜，是日式料理中必不可少的食材。无论是干裙带菜还是盐渍裙带菜，用途都非常广泛，其中富含钙、碘、铁等矿物元素。

小妙招 857 [预先处理] 让新鲜裙带菜保持鲜绿的诀窍是在冰水中冷却

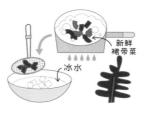

新鲜裙带菜

冰水

使用新鲜裙带菜时，保持鲜绿色是关键。在沸腾的热水中煮裙带菜，等到呈鲜绿色时立即捞出放入冰水中冷却，就能让颜色保持不变。

小妙招 859 [开始料理] 切好的裙带菜不用提前泡好，直接用在汤中就很方便

切成丝的干裙带菜，复原所需时间很短，用在一些料理中，无需提前浸泡就能直接使用。做味噌汤、汤类、面等带汤的料理时，只要最后放入切成丝的裙带菜，稍微煮一会儿即可。

小妙招 856 [预先处理] 用在不同料理中的裙带菜，还原方法不同

味噌汤、炖菜等需要加热的时候，在水中浸泡10分钟左右还原即可。但用在凉拌菜、沙拉时，浸泡还原之后在沸水中烫一下，捞出后放入冰水中冷却。

小妙招 858 [预先处理] 将醋拌裙带菜中的水分去除，就一定会好吃

裙带菜与黄瓜等蔬菜放在一起，再倒入醋凉拌，容易变得水嗒嗒的。放盐后许多人都会把黄瓜中的水分挤干，但对于裙带菜就不会特别处理。无论是泡水还原后的裙带菜还是新鲜裙带菜，都要用厨房纸将水分吸干，做好的拌菜口感一定非常不同。

小妙招 860 [开始料理] 让竹笋煮裙带菜立即变好吃的小诀窍

竹笋质地硬，不容易入味，先焯一遍水，再放入高汤和味淋中煮10分钟左右。接着加入淡味酱油煮几分钟，最后放入裙带菜煮2~3分钟。按照这个顺序，就能让高汤的味道进入竹笋，同时裙带菜也能保留恰到好处的口感。

羊栖菜 **

羊栖菜不但富含食物纤维，还具有丰富的钙、铁等矿物质。羊栖菜不光是炖煮类料理、焖饭中的固定搭配，做沙拉、炒菜、炸物也可以使用。

小妙招 862 [预先处理] 用茶滤给羊栖菜芽控干水分，不会造成浪费

羊栖菜芽非常细，泡在水里还原后，如果在竹屉中控干水分，容易从竹屉缝隙中掉出来，可以使用茶滤或网格细密的万能滤网，就不会露出来了。

小妙招 864 [开始料理] 羊栖菜能与油搭配，在西式料理中也要多多使用

说到羊栖菜料理，都会想到炖菜、拌饭菜等，其实味道清淡的羊栖菜与油非常搭配，用在汉堡肉饼、可乐饼、意大利面、炒饭中会很不错。与油脂一起料理能让羊栖菜中所含的碘更易吸收，不仅口味好，营养价值也更高。

小妙招 861 [选择方法] 根据不同料理选择使用长羊栖菜或羊栖菜芽

长羊栖菜（图右）茎部晾干后有嚼劲，做炖煮类料理最合适。羊栖菜芽（图左）的叶部口感柔软，适合做凉菜和汤。

小妙招 863 [预先处理] 焯一遍水后拌沙拉，就能品尝到羊栖菜的原味

做沙拉、凉菜、醋拌时，很多人把羊栖菜泡在水中还原后就直接使用。其实只要将还原后的羊栖菜再用热水焯一遍，就能复苏它本身的香味和鲜味。只要在热水中稍微煮几分钟即可。

小妙招 865 [保存方法] 煮羊栖菜，分成小份保存，用在便当中很方便

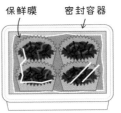

保鲜膜　密封容器

在便当中放入煮羊栖菜，将一次使用的分量放入小杯中冷冻保存。将小杯在密封容器中并排放置，放入羊栖菜，用保鲜膜包上之后盖上盖子，放入冷冻室。

料理步骤
小妙招掌握度测试
苦恼时的补救小妙招
肉类
鱼类
鸡蛋·乳制品·大豆制品
蔬菜·白薯
菌类·海藻·水果
主食
饮料

料理步骤

小妙招掌握度测试

苦恼时的补救小妙招

肉类

鱼类

鸡蛋·乳制品·大豆制品

蔬菜·白薯

菌类·海藻·水果

主食

饮料

苹果 **＊**

苹果富含食物纤维，还有果胶、多酚、钾元素等对身体有益的成分。苹果不单可以生吃，而且加热后甜味增强，最适合做甜点。

小妙招 866 ［预先处理］ 苹果削皮后用盐水润湿可以防止变色

苹果削皮之后与空气接触会氧化变成茶色。要避免变色，可以用盐水把苹果润湿，但不必长时间浸泡，只要在盐水中稍微沾一下，效果就很明显。

小妙招 867 ［预先处理］ 只要切片后晾干，又甜又香的苹果干就做好了

试着做一做超级简单的苹果干吧！将苹果洗净后控干水分，把苹果核去掉，带皮切块，在竹屉中摊开，放上几天自然风干，苹果干就做好了。

小妙招 868 ［预先处理］ 只要5分钟就能做好！微波炉版烤苹果

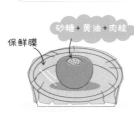

用烤箱做起来相当费时的烤苹果，只要用微波炉做就相当简单。将苹果芯去除，把砂糖、黄油、肉桂放入耐热容器中，用保鲜膜包好，加热5分钟左右即可。

小妙招 869 ［开始料理］ 只要用黄油煎一下，就是道美味的甜点

黄油煎苹果是一道做起来既简单，味道又特别正宗的料理。将黄油放入平底锅融化，放入苹果切片，加入砂糖融化搅拌，最后撒上肉桂粉。用枫糖浆代替砂糖的做法也十分值得推荐。

小妙招 870 ［保存方法］ 做成苹果泥冷冻保存，用来做甜点最佳

将苹果磨成泥后冷冻保存最佳。这样能避免变色，加入柠檬汁，放保鲜袋摊平压薄后冷冻保存。室温解冻后做果冻、果昔、酸奶都很美味。

香蕉 **＊**

香蕉富含多种人体必需的氨基酸，以及多酚等营养物质。香蕉的营养均衡，在食品中的抗氧化能力首屈一指，同时具有提高免疫力的作用。

小妙招 871 ［选择方法］ 香蕉上已经出现了零星黑点，就要尽快吃掉

香蕉皮上的黑斑又叫作"糖点"，是香蕉完全变熟的标志。全熟的香蕉不光是甜味更强，多酚成分也更充足。外表虽然不太好看，剥皮后果肉是完好的就没关系。

小妙招 872 ［预先处理］ 加几滴柠檬汁，可以有效防止变色

剥掉皮后与空气接触，香蕉容易氧化，加几滴柠檬汁就能避免变色。只要不露在空气中就不会变色，把香蕉切开后放进酸奶中也不错。

小妙招 873 ［开始料理］ 超简单的香蕉冰激凌只要切片冷冻保存

香蕉剩下的时候，推荐一种新鲜的吃法：剥皮后切片，在托盘上平铺摆放，洒上几滴柠檬汁，用保鲜膜包好放入冷冻室。只要超级简单的几个步骤，就能做出美味的香蕉冰激凌。不立即吃完，需要冷冻保存时记得放进冷冻保鲜袋。取出后不用解冻直接放入搅拌机，做成香蕉汁也很美味。

小妙招 874 ［开始料理］ 使用整根香蕉的三明治，在孩子们之中最有人气！

香蕉不会析出水分，非常适合做三明治。将整支香蕉做成三明治卷，是孩子们最喜欢的食物。在吐司面包上涂上一层黄油，把剥了皮的整支香蕉放在一端卷起来。换成蛋黄酱、草莓果酱、巧克力酱也可以。放入便当时要注意防止香蕉变色，加几滴柠檬汁。

小妙招 875 ［保存方法］ 没熟透的香蕉常温保存，全熟的香蕉放入冰箱冷藏

香蕉没熟透味道就不够甜。将熟透的香蕉放入冰箱保存，还没熟透的先常温保存，等到出现糖点再放入保鲜袋，保存在冰箱冷藏室的蔬菜盒中。

第4章
主食·饮料篇

下面介绍做主食时

能派上用场的 84 个小妙招，

以及做饮料时使用的 41 个小妙招。

首先试一试下面的几个诀窍吧。

staple food

主食

小妙招 876 既简单又美味，更重要的是超便宜！
自己制作御好烧

说到御好烧，大部分人的印象都是在饭馆里吃的东西。其实自己做起来比想象的要简单许多。御好烧作为早午餐、午餐、点心和夜宵出场的机会较多。此外材料比较便宜也是它的一大魅力。做饼底的面粉只要 100 日元一袋，所需搭配的材料也不太多，实在是太实惠啦！

饮料

小妙招 877 让最熟悉不过的茶接近正宗中国味道的诀窍

平时一直喝的乌龙茶、茉莉花茶，想要接近在中国喝到的正宗味道，有一个小诀窍。首先，要用经过净水器净化的水。水壶中的水有气味的话，泡出的茶不会好喝。

接着，用开水泡茶。只要这么简单，就可以尝到完全不同的味道，真是不可思议。最后，如图中所示，将开水浇在壶盖上，让茶叶充分蒸制，就更接近正宗的味道了！

砂糖·盐少许

盐

② 混合
面粉 1 杯
水 1/2 杯

② 混合均匀

蛋液一份

喜欢的原料

③ 加入搅拌均匀

放油

两面煎熟

② 浇在盖了壶盖的茶壶上

热水

中国茶

① 水
茶叶

drink

料理步骤

小妙招掌握度测试

苦恼时的补救小妙招

肉类

鱼类

鸡蛋·乳制品·大豆制品

蔬菜·白薯

蘑菇·海藻·水果

主食

饮料

大米 ＊＊

对日本人来说，"把米饭做得好吃"非常重要。从选择大米到煮饭的技巧、保存的方法，这里不光有各步骤的基础方法，还会介绍香甜的栗子焖饭等秘诀！

小妙招 878 [选择方法] 选购大米时最重要的是注意米的生产日期

选购大米时，不单要看"越光""竹锦"等品种名称，最重要的是注意精米的生产日期。水稻加工为精米时，新鲜程度会受损，无论是什么品种的大米，放陈了都会变得不好吃。

小妙招 879 [选择方法] 选择品种大米的方法，喜欢口味均衡就选越光米

不同品种的大米具有各自不同的味道和香味，记住自己喜欢的口味，就不难选择了。越光米的味道、香味、黏度都非常均衡。竹锦米的口感柔软，味道清淡。"一见钟情"具有甜味，黏性比较强。秋田小町的米粒较小、味道甜。

小妙招 880 [选择方法] 低价的混合大米其实很划算，不妨尝试看看

对大米很讲究的人，可能会不太相信低价的混种大米的品质。其实大部分混合米都非常实惠，每个品种的大米都各有优缺点，混合在一起可以互相弥补。

小妙招 881 [选择方法] 白米的味道最好，糙米的营养价值最高

糙米是水稻仅脱去外保护皮层稻壳，保留表皮和胚芽的米，富含维生素、矿物质、食物纤维。胚芽米保留了80%的水稻胚芽，虽然营养不如糙米全面，但更好吃。白米是糙米去掉了表皮和胚芽的米，营养价值有所损失，但吃起来口感最好。

小妙招 882 [料理方法] 淘米的诀窍是淘米的动作要迅速、将水分控干

好不容易买到了好吃的大米，如果淘米的方法不正确，煮出的米饭也不会好吃。关键是淘米的动作要迅速，最后将水分彻底控干。

动作要快，是因为如果时间过长大米就会吸收污水；将水分控干是不要让大米过湿。

小妙招 883 [料理方法] 让每粒米都带着闪亮光泽的淘米方法

①将大米放进盆中，放入大量水，整体搅动着涮洗大米，然后将水彻底倒掉。②轻轻地搅动揉搓大米。③一边放水一边轻轻地搅动大米，再将水倒掉，将步骤②③重复3～4回。④将米放在竹屉上控水静置30分钟。

小妙招 884 [料理方法] 煮饭用什么水更好？硬水还是软水？

水中含有矿物元素，煮饭时要注意不要使用硬水，应该用软水。硬水中的钙质较多，与米饭不搭配，软水可以充分被大米吸收，让米饭喷香柔软。

小妙招 885 [料理方法] 用锅煮饭比电饭锅更快。2杯米只需20分钟！

淘完米后将米放在漏网中控干水分。将淘过的米放入锅中，倒入1.2倍的水，盖上锅盖。开大火煮，水沸腾后转中火煮5分钟，再转小火5分钟，最后转大火3秒关火。不要掀开盖子，让米饭继续蒸10分钟就做好了。

漏网

泡

水开后 ← 大火

中火 → 小火 → 大火
5分　　5分　　3秒

小妙招 886 [料理方法] 用微波炉也能简单地做好米饭

要做1～2人份的米饭，用微波炉也能完成。使用人气很旺的硅胶容器，即使量很少，也能做出松软美味的米饭。

小妙招 887 [料理方法] 用"地狱蒸饭法"让陈米变身松软亮泽的米饭

加工成精米之后放置了很长时间的陈米，多数情况下只要多放些水，就能变得好吃。这时使用"地狱蒸饭法"会很有效。在锅里垫一层锡纸，放上盛了大米的饭碗，倒入水，让水没过饭碗一半的高度，再盖上盖子把米饭蒸熟即可。即便是已经变得很干燥的大米，也能恢复松软。

料理步骤

小妙招掌握度测试

苦恼时的补救小妙招

肉类

鱼类

鸡蛋·乳制品·大豆制品

蔬菜·白薯

蘑菇·海藻·水果

主食

饮料

小妙招 888 【料理方法】 只要放入色拉油，便宜的大米也能像越光米一样

买来价格便宜的大米，感觉有些不太好吃，总是味道差一些……不妨在煮饭的时候放一点色拉油试一试，2 杯大米放 1 小匙即可。色拉油具有让大米提鲜、味道层次更丰富的作用。

小妙招 889 【料理方法】 煮新泻出产的大米时加上新泻本地的酒

让美味的大米变得更好吃的煮饭秘诀。例如新泻出产的大米，放一点同样产地的酒，能增加大米中自然的香甜，让煮好的米饭喷香松软。3 杯米对应酒 1 大匙，只要放入这样一点本地酒，就可以让米饭味道大不同，一定要试一试。

小妙招 890 【料理方法】 煮饭时在水里加醋，就能直接做出寿司醋饭了！

一般做醋饭的方法是在煮好的米饭中放醋搅拌，搅拌的时候还要注意不能太用力，做起来比较麻烦，不妨在煮饭时将醋与水一起倒入电饭锅，就更省力了。在电饭锅中放入淘好的米、市面上卖的寿司醋，寿司醋的分量按照商品说明即可。水量比照电饭锅中的刻度，与平时一样，饭煮熟时醋饭就做好了！

小妙招 891 【料理方法】 三角形的饭团不好捏，用手做出三角形的顶点

三角形饭团

将手掌弯曲稍稍用力捏饭团的一角，做出三角形的一个顶点。旋转一个角度，再做下一个角。

小妙招 892 【料理方法】 使用小饭碗做饭团，用力捏一下就好

捏饭团时：在小饭碗中盛 1/4 的米，正中央放上馅料。接着在手掌上沾上盐水，把饭碗中的米放入掌心，捏成饭团。诀窍是只要瞬间用力捏一下。接着将饭团旋转着整理成三角形或圆形即可。不要捏得太硬也不要太软，把馅料放在正中央，一个喷香松软的饭团就做好了。

小妙招 893 【料理方法】 推荐给不太灵巧的人：用保鲜膜做饭团

转着拧起来

保鲜膜

前面介绍的小妙招 891、小妙招 892 如果掌握不了，还有一个更简便的方法。在米饭中撒上盐，混合均匀。将米饭铺在保鲜膜上放入馅料，将保鲜膜提起，旋转一下拧起来就完成了！

小妙招 894 【料理方法】 做焖饭的基本方法：煮好后配料会盖在大米上

做出美味焖饭的诀窍是加水量。想在放入调料后，水量依然合适，可以在一开始时少加一些水，放入调料后再根据米饭的软硬度补充一次水分，减少失败概率。

等到米饭完全吸收了高汤，焖饭的配料盖在大米上的时候，米饭就已经完全熟透，不会留有硬芯。

小妙招 895 【料理方法】 做出美味豌豆饭的秘诀：2 杯大米对应 3 杯水

学会了焖饭的诀窍，不妨根据季节来做一做应季的焖饭吧！首先，说到春天一定就是豌豆饭了。做豌豆饭的诀窍是多放一些水，如果是 2 杯大米，除配料以外还要放 3 杯水，这样能让豆子的味道更充分发挥。

小妙招 896 【料理方法】 栗子饭是秋天的味道！用去壳栗子来做超简单

应季焖饭，属于秋季的美味——栗子饭的超简单做法。做栗子饭最麻烦的步骤是剥栗子壳，不如购买已经剥好壳的栗子，而且这种栗子已经加过味道，只要在电饭锅中放入淘好的米、栗子、高汤、调料按下煮饭键，栗子饭就做好啦。

小妙招 897 【料理方法】 让汤饭味道清爽的 3 个小诀窍

要想做出黏稠可口的汤饭，第一个诀窍是将米饭用水洗过去除黏性，然后将水分彻底控干。第二个诀窍是煮的时间不要过长，米饭温热后关火。第三点是搅拌时让米饭尽量分离。使用这三个诀窍，就能做出口味清爽不黏的汤饭了。

小妙招 898 【料理方法】 搅拌过度成了米糊！煮一碗好粥的诀窍

时不时地搅拌一下

注意不要把米搅碎

将淘好的米放入锅中后倒水。1 杯米对应 5～7 杯水。开小火，盖上盖子，不时搅拌一下，煮 30 分钟左右。

料理步骤

小妙招掌握度测试

苦恼时的补救小妙招

肉类

鱼类

鸡蛋·乳制品·大豆制品

蔬菜·白薯

蘑菇·海藻·水果

主食

饮料

小妙招 899 [料理方法] 没有蒸屉，用微波炉做出绝品红豆糯米饭

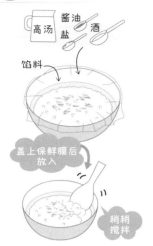

酱油

高汤

盐 酒

馅料

盖上保鲜膜后放入

稍稍搅拌

很多人认为红豆糯米蒸饭"没有蒸屉或蒸锅一定做不出来"，其实用微波炉也能做出惊人的美味来。首先将糯米洗净，浸泡 1 小时以上，然后彻底控干水分。然后将糯米、材料、高汤、盐等调味料加入碗中，用保鲜膜盖好。在微波炉中加热十分钟，取出后稍微搅拌一下，再盖上保鲜膜，保持余热蒸 10 分钟就完成了。

小妙招 900 [料理方法] 做五谷饭的诀窍是在水中浸泡 30 分钟

五谷饭对健康和美容都很有益，许多饭馆的菜单上也用五谷饭代替了白米饭。在家也能用市面上卖的杂粮轻松做出五谷饭，首先将米洗净，多放些水，浸泡 30 分钟，把水控干。将淘过的米放入电饭锅，加水量与平常煮饭相当即可。

小妙招 901 [料理方法] 做出弹牙口感的海鲜烩饭的两个秘诀

一个诀窍是不要把米洗得太过充分，大米吸收了充足的水分就不能做出偏硬的米饭了。第二个关键是分 4～5 次将水逐渐放入，让米在少量水中煮，每次充分搅拌后让多余水分蒸发。如果一次把水加满，水分无法蒸发，就会让大米完全煮熟，失去烩饭应有的弹牙口感。

小妙招 902 [料理方法] 无论什么都能放在米饭上，世界上独一无二的独创盖饭

有些料理只要放在米饭上，就能和饭自然融为一体，美味惊人。比如韩式泡菜猪肉盖饭、汉堡肉饼饭、卡巴乔盖饭、番茄酱虾仁饭、蛋黄酱虾仁饭等，已经成了经典的绝妙搭配。这些菜的酱汁淋在米饭上，吃的时候不禁会感叹"真是美味啊！"试着做一做自己独创的品种吧！

小妙招 903 [料理方法] 风靡的美味"米堡包"，自己在家也能做

"米堡包"一直是市场上的畅销产品，其实自己在家也能做。首先在温热的米饭中放入少量淀粉，混合均匀。把形状整理成米汉堡风格的圆形。在平底锅中将色拉油烧热，煎至出现美味的焦黄色即可。

小妙招 904 [开始料理] 把香料饭（Pilaf）当作西式焖饭来做就非常简单了！

香料饭（Pilaf）要从准备大米开始做起。提前 30 分钟把 3 杯米洗净，控干水分，接着先炒香料饭中所需原料，再放入大米一起炒。加入和米等量的汤，搅拌后尝一下味道，再加入盐和胡椒。盖上盖子后转至中火，沸腾后转小火煮 12 分钟，关火后再焖 15 分钟就完成了。

小妙招 905 [开始料理] 用市面上卖的酱汁轻松做出让人称赞的散寿司

将煮好的米饭趁热分成小份盛进碗里，放上生鱼片、紫苏等材料。将市面上卖的调味酱汁与醋混合，洒在上面，这样一份散寿司就完成了。

搅拌后吃起来味道竟然十分正宗，让人不可思议。

小妙招 906 [保存方法] 保存大米的位置不宜选在水池和炉灶下方

阴凉处最适合保存大米，但是水池和炉灶下方不行。虽然也是阴凉的地方，但这两处湿气重、温度不稳定。

此外米缸中剩下一些陈米，上面倒入新米，会让新米的味道也变差。将米缸的底部洗净之后再放新米，里面放些干辣椒还能起到驱虫的作用。

小妙招 907 [保存方法] 吃不完的米饭，冷冻贮藏是最佳方法

即便是明天就准备吃，把米饭放在冰箱冷藏室中也会变干，变得不好吃。但也不能在电饭锅中开着保温键保存，这可能会令米饭变色、味道变差。最佳的保存方式是冷冻保存（做法见小妙招 263）。此外比起一直加热，冷冻后用微波炉加热更节约电费。

小妙招 908 [保存方法] 在饭碗中垫上保鲜膜，盛入一餐的饭量，冷冻保存

将一顿饭所需的米饭量分成小份冷冻保存，吃的时候十分便利，但是分量容易掌握不准，多的时候会剩饭，少了又不够吃。不如在饭碗中垫上保鲜膜起到量杯的作用，把米饭盛在保鲜膜上，就刚好是一餐的分量。

小妙招 909 [保存方法] 放入冷冻专用的保存袋，压出分界线后冷冻保存

用筷子压出分界线

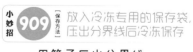

将米饭放入冷冻专用保存袋，压出分界线后再冷冻。使用时只要沿着线折下，取出所需分量即可。

年糕 *

年糕用糯米蒸制而成，个头不大但热量较高。过去年糕是用于祭典的贡品，现在也成为了典礼上必不可少的食材。

小妙招 910 [预先准备] 切年糕时与萝卜交替着切就不会粘刀了

刚出锅的年糕买回家却不好切开，这时可以试着和萝卜交替着切。萝卜中的水分可以减少刀与年糕之间的摩擦，萝卜中的淀粉酶能分解年糕中的淀粉，让黏性减弱。

小妙招 911 [开始料理] 简简单单制作可以拉得超长的煎年糕

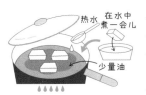

在平底锅中倒入薄薄一层油加热。将在水中稍微煮过的年糕以及少量热水放入平底锅，立即盖上锅盖。如果不立即盖上锅盖会有油溅出，要特别注意。大约30秒后关火，用余热蒸7分钟左右，煎年糕就做好了。

小妙招 912 [开始料理] 把年糕块切细条，再加入各种食材在一起吃

把年糕块切成细条，接着与其他食材黏在一起，做成各种不同味道品尝看看。推荐的吃法：与萝卜泥、酱油混合在一起就是"辣味饼"，与红豆馅混合就是"红豆饼"，拌上纳豆就是"纳豆饼"，在水中放糖就是"甜饼"，撒上黄豆粉就是"黄豆粉年糕"。

小妙招 913 [开始料理] 快速烤年糕的诀窍是勤快地不停翻面

用烤网烤年糕切块，用中火隔开一定距离来烤，勤快地反复翻面，就能烤出柔软的年糕。用烤鱼网能快速地烤出香味，但容易烤焦，一定要在旁边仔细察看。用平底锅干煎也可以，煎的时候盖上盖子。

小妙招 914 [开始料理] 年糕切块的各种各样吃法

年糕块可以有各种各样的吃法。烤过的年糕沾些酱油，裹上一张烤过的海苔，就是著名的"矶部烤年糕"。里面夹一片奶酪就是"矶边烤年糕"。做"安倍川年糕"时，用小火把年糕煮软，再裹上砂糖和黄豆粉。如果是与纳豆、萝卜泥一起吃，不用先烤年糕，将年糕在水中煮软后更容易黏在一起。

小妙招 915 [开始料理] 油炸一下就是"年糕煎饼"，放入油豆腐中就是"巾着年糕"

年糕还有各种各样的吃法。把年糕放在油中炸一下，蘸上甜酱油、盐，就是美味的手工年糕煎饼。
把年糕放进油豆腐里，用牙签固定住，就是一道"巾着年糕"。放进火锅中，用平底锅煎，或者用油炸增添味道层次，是一道与众不同的年糕料理。

小妙招 916 [开始料理] 时而换一换风格，品尝关东风、关西风杂炊的两种风味

正月料理的杂炊中，年糕是不可缺少的食材，关东与关西的做法却大不一样。关东一般使用高汤汤底煮方形年糕，关西用白味噌汤底煮圆形年糕。每年的杂炊吃腻了，不妨两种交替着吃。年糕本身是一样的，只要改变使用的汤底就能做出与平时大不一样的杂炊。

小妙招 917 [保存方法] 保存年糕时与芥末放在一起，可持久保鲜

真空保鲜袋中的年糕可以常温保存，打开袋后的年糕要放入保存容器，与芥末放在一起，不容易生霉，可保鲜1周左右。

小妙招 918 [保存方法] 年糕可以冷冻保存，使用时直接烤

年糕是适合冷冻的食品，冷冻后口感不会改变，已经从真空包装中取出的年糕，冷冻保存是最佳方法。分成小份后用保鲜膜仔细包好，放入冷冻专用保鲜袋后放进冷冻室。

无需解冻，在冷冻状态下直接烤即可。用微波炉解冻也可以。

小妙招 919 [保存方法] 生了霉斑的年糕，把发霉部分去掉还能吃吗？

放弃吧

霉斑

生了霉斑的年糕，即便把发霉部分去掉，霉味也可能进入年糕其余部分，还是全部丢掉比较保险。

料理步骤

小妙招掌握度测试

苦恼时的补救小妙招

肉类

鱼类

鸡蛋·乳制品·大豆制品

蔬菜·白薯

蘑菇·海藻·水果

主食

饮料

面包 **

面包以面粉、全麦粉为主要原料，经过发酵后烤制而成。刚出炉的烤面包最好吃，不过吐司面包、三明治要选择前一天烤成的最好。

小妙招 920 [选择方法] 外表漂亮的面包，味道也会好

例如法式面包上的斜切口裂纹漂亮地张开，味道一定也不错。

小妙招 921 [开始料理] 烤出焦香的吐司面包，仿佛酒店的早餐

首先将烤箱预热一会儿，如果不事先预热烤箱，吐司面包缓慢升温的过程中，就会水分蒸发变干。此外，放在冰凉的盘子上容易让面包变软，可以在微波炉中先把盘子加热一下。不要将面包重叠放置在盘子上也很关键。

小妙招 922 [开始料理] 做三明治时，用前一天烤的比刚出炉的更好

用吐司做三明治的时候，不要使用刚出炉的面包。刚出炉的吐司水分较多，容易让三明治变湿、味道变差。放置1天左右的面包软硬正合适。

小妙招 923 [开始料理] 做三明治用的面包，馅料多就切厚片，馅料少就切薄片

做三明治，面包的厚度是关键，一般情况下，如果是做炸猪排三明治这类馅料较厚的三明治，就切厚片，如果三明治里夹的是黄瓜薄片，就切薄片，搭配更加得当。

小妙招 924 [开始料理] 把三明治切得整齐漂亮的秘诀

切三明治时将馅料和面包一起切起来更容易，切口也更漂亮。将三明治包好放置15分钟后再切。使用切面包专用的带锯齿的厨刀最好，如果使用普通的菜刀，可以先烤一下刀，切起来更容易。

小妙招 925 [开始料理] 根据面包的种类选择适合的奶酪

根据不同面包的味道和香气选择适合的奶酪，两者搭配得当有一加一大于二的效果。例如味道纯粹的法式面包，适宜搭配白菌类的奶酪；酸味强的全麦面包，可以选择味道更独特的洗浸奶酪；贝果推荐与奶油奶酪一起吃。

小妙招 926 [开始料理] 正宗的意大利味道！意式烤面包的做法

意大利料理的前菜经常出现一道意式烤面包。虽然只是在法棍上放上番茄这样一道简简单单的小点，但人气餐厅的意式烤面包真的很美味。其诀窍是使用熟透的番茄，并用大蒜切面在法棍面包上擦拭，这样就能接近正宗的意大利口味。

小妙招 927 [开始料理] 仿佛身处南国一般的清爽味道，越南风三明治

越南曾经是法国的殖民地，所以时至今日越南的法式面包仍然非常美味。以这样的越南为主题，试着做一份越南风三明治吧。诀窍是使用香茅、辣椒粉以及柠檬，此外西式香菜也必不可少。然后把火腿或鱼等喜欢的馅料放在法棍面包之间夹好即可。

小妙招 928 [开始料理] 用面包机自己在家也能烤出南瓜包

只要将量好分量的材料放进面包机，就能做出新鲜现烤的面包，制作原创品种非常便利。用南瓜汤代替水放进面包机，就能做出南瓜包，放入番茄汁就能做出番茄包，使用市面上卖的现成的汤和果汁，非常简单，一定要试一试哦！

小妙招 929 [开始料理] 没有烤箱也没关系，用吐司炉也能做手工面包

只要掌握了诀窍，用吐司炉也能做出美味的面包。第一个关键点是不用预热，用吐司炉直接烤，让温度慢慢上面团继续发酵。

此外，由于吐司炉是明火，为了防止烤焦，最好在放面包的托盘上垫上锡纸。

小妙招 930 [开始料理] 加一点蛋黄酱就能做出松软喷香的热香饼

有一个小诀窍能使美味的热香饼变得更好吃。在两人份的热香饼的材料中加入两大匙蛋黄酱再烤即可。蛋黄酱的分量在热香饼材料中占比例不大，烤好后其中的酸味会挥发，并不会使热香饼变成蛋黄酱的味道，无需担心。

小妙招 931 [开始料理] 用热香饼粉做家常菜面包，简便、快速、美味

使用热香饼粉（一种自发粉）只要非常简单的几个步骤就能做出美味的日式家常菜面包。做法如下：把面团放好，将火腿和奶酪、玉米粒和蛋黄酱等馅料铺在面团上，放入烤箱烤制即可。既方便又快速，但做好的面包味道简直和店里卖的一样！并且原料价格非常便宜。

小妙招 932 [开始料理] 试着做孩子们最爱的卡通形象面包

选择卡通形象时，既要挑选孩子们之间人气最高最受欢迎的角色，还要尽量选线条简单的。制作时首先做脸部用的面团，放入烤箱烤制，如果有耳朵部分，要先把耳朵加上再放进烤箱一起烤。取出冷却后再用巧克力做出眼睛、鼻子部分。

小妙招 933 [开始料理] 做咖喱面包等油炸类面包的诀窍

做油炸类面包的关键是做好面团。充分地揉面团，让面团变软、体积膨胀变大。此外炸制时油温在170度左右为宜，如果油温太低，炸熟需要一定时间，外皮就会不脆。冷却后面包会变得太油，最好趁热吃掉。

小妙招 934 [开始料理] 烤制加入坚果的面包的小诀窍：分量只要三成即可

坚果太多不易烤

杏仁　榛子　腰果

放入了坚果的面包烤好后会有坚果的香气，气味怡人，有奢侈感。要想做出美味的坚果面包，注意不要放入太多果仁，放面粉量的三成左右即可，放太多会让面包不易蓬松。
做葡萄干面包时也一样，要是果仁放得太多，面包就不能充分蓬松了。

小妙招 935 [开始料理] 变硬的面包用刨刀做成面包屑

面包屑　刨刀

变硬的面包不要扔掉，可以做成面包屑。没有料理机也没关系，只要用刨刀处理一下就能做出面包屑。

小妙招 936 [保存方法] 不能用冰箱冷藏室保存面包，冷冻保存最佳！

把面包放入冰箱冷藏室会变干变硬，味道受损。对于保存时间较短的面包来说，冷冻贮存是最佳方法。买来之后除了立即要吃的部分，可以把剩余的面包全部冷冻保存起来。解冻时也不费事，只要将冷冻的面包直接放进吐司炉烤一下即可，在常温下自然解冻也行。

小妙招 937 [保存方法] 三明治分为可冷冻和不可冷冻两种

三明治中的馅料有些可以冷冻，有些不能冷冻。比如火腿、比萨用奶酪、猪排、金枪鱼、煮鸡蛋沙拉（将煮鸡蛋切碎与蛋黄酱混合搅拌而成），这些都可以冷冻保存。

不能冷冻的包括用生菜、土豆沙拉、煮鸡蛋做馅料的三明治。

小妙招 938 [保存方法] 把三明治冷冻起来，常温自然解冻

冷冻起来直接用作便当

冷冻三明治可以在常温状态下自然解冻。因此作为午餐便当时，早上只要把冷冻着的三明治直接带走，中午就正好可以吃了。

小妙招 939 [保存方法] 在几片吐司比萨之间夹入保鲜膜再冷冻

放入冷冻专用保鲜袋冷冻

在几片面包之间垫上保鲜膜

早餐或午餐时吃的吐司比萨，一次性做好后冷冻保存非常便利。

小妙招 940 [保存方法] 丹麦起酥面包不能冷冻，也不能冷藏

普通的面包可以冷冻保存，但丹麦起酥、面包卷等不能冷冻，解冻时面包中的水果、卡仕达酱不是变得水嗒嗒的，就是变成干巴巴的。所有的面包都不适合冰箱冷藏室保存，丹麦面包也一样。因此买来丹麦起酥类面包，只能常温保存并尽快吃掉。

意大利面

**

无论在何种料理中，使用意大利面时的操作顺序都是关键所在。煮意大利面时要同时把酱汁做好，因此要把步骤安排好。多准备几种意面酱，宴请时使用也非常合适。

小妙招 941 [开始料理] 煮意大利面要用大量的水。在开水中加盐煮

在大锅中将水烧开，放入 1% 的盐，3 升水约用 2 大匙盐。所需的盐量比一般人想象的要多一些，这样才能让意大利面入味。

小妙招 942 [开始料理] 煮意大利面时不要经常搅拌，让面浮在水上即可

首先在沸腾的水中将意大利面散开放入。水再次沸腾之前只要稍微搅动一下，之后不要碰，让面浮在水上即可。如果经常搅动，会让面失去粗糙的表面，不容易沾上酱汁。时间差不多了捞起一根面尝一下，口感适度弹牙就刚好。

小妙招 943 [开始料理] 同时做好意大利面与酱汁的诀窍

煮好意大利面时酱汁也要同时完成，才能立即裹上酱汁。如果没有做好酱汁，只煮了面也是白忙一场。要在煮面的同时制作酱汁，将面放入沸水中时，让酱汁处于稍等一会儿就能做好的阶段最佳。

小妙招 944 [开始料理] 根据意大利面的粗细、形状不同区别使用酱汁

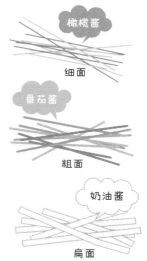

橄榄酱
细面

番茄酱
粗面

奶油酱
扁面

意大利面的粗细、形状不同，用不同种类的酱汁来搭配。
虽然没办法总结全面，但一般来说细面适合放含辣椒的橄榄酱，与蛤蜊意面等海鲜类酱汁最为搭配。
扁型意大利面最适合浓厚的奶油酱。粗面和番茄酱搭配，意大利面能很好地裹上酱汁。

小妙招 945 [开始料理] 做辣椒意大利面，要将大蒜和辣椒在油中爆香

经典中的经典——辣椒意大利面，要想做得好吃，要将大蒜和辣椒在油中爆香。但注意不要开大火，会把大蒜和辣椒烧焦。用小火让大蒜和辣椒的香味慢慢挥发出来。

小妙招 946 [开始料理] 做蛤蜊意面的秘诀是蛤蜊的汤汁和油的乳化

做蛤蜊意面时，一般要等蛤蜊汤煮到浓稠时加一些橄榄油，但是单单这样做还不够。摇晃平底锅，让橄榄油与汤汁充分混合乳化，这一点非常重要。
摇动锅之后，汤汁变白即说明乳化完成了。之后加入煮至弹牙的意大利面就完成了。

小妙招 947 [开始料理] 取一些煮意面的面汤放在一边，之后派上用场

将煮好的意面用漏勺捞起，剩下的面汤放置一会儿，之后能派上用场。酱汁做得偏咸辣时，或者做得太早快烧干了的时候，加一些面汤就能解决。

小妙招 948 [开始料理] 奶油意面中的鲜奶油，只要瞬间就能做好

奶油意大利面要从白酱开始做，许多人会觉得太麻烦了，但还是很想吃美味又浓厚的奶油意大利面！不妨买来市场上卖的鲜奶油，与喜欢的材料一起炒，在鲜奶油中加入鸡汤底料，只要煮一会儿就能做好。之后浇在煮好的意大利面上就可以了。

小妙招 949 [保存方法] 煮好的意大利面与橄榄油搅拌在一起后冷冻保存

将煮好的意大利面冷冻起来，有做沙拉、做配菜、放入汤中等很多便利的使用方法。意大利面煮好之后，趁热与橄榄油搅拌在一起，冷冻保存。这样使用时不容易成坨，只要用微波炉解冻即可。

小妙招 950 [保存方法] 将番茄意面分成小份冷冻，做便当时非常方便

番茄意面

做好的番茄意面分成小份冷冻保存，做便当时当作一道配菜非常便利。

荞麦乌冬中华面 **＊

面包以面粉、全麦粉为主要原料，经过发酵后烤制而成。刚出炉的烤面包最好吃，不过吐司面包、三明治要选择前一天烤成的最好。

小妙招 951 [选择方法] 做拉面、中华凉面用生面，做荞麦炒面用蒸面

要做正宗的中华荞麦面，面的种类选择上有讲究。

做荞麦炒面选择蒸面，做拉面、中华凉面用生面，区分使用更好吃。

小妙招 952 [选择方法] 乌冬面、素面、冷面的不同之处在于面的粗细

乌冬、冷面、素面的主要原料都是面粉。在高筋面粉中加入盐水，做出劲道强劲的面团。几种面条的不同之处在于面的粗细，乌冬最粗，冷面比乌冬稍细一些，素面是最细的一种。此外，乌冬面与冷面是折叠后切成细条，而素面是在面团上涂芝麻油，用手拉长后晾干。只要明白了其中的区别，就不难选择了。

小妙招 953 [选择方法] 记住荞麦面的命名方法，选择起来更为便利

荞麦面根据所含荞麦粉的比例不同，称呼也不一样。二八荞麦指的是 20％ 小麦面粉加 80％ 荞麦粉，十成荞麦是用 100％ 的荞麦粉制成的。

二八荞麦
荞麦粉 80%＋ 小麦面粉 20%

十成荞麦
荞麦粉 100%

小妙招 954 [预先处理] 煮乌冬面前先浇一次热水再料理

将乌冬面放入漏勺，浇上热水，然后将水分控干。只要这一个步骤，就能让乌冬根根分明料理起来更容易。

小妙招 955 [开始料理] 中华荞麦面要水沸腾后下锅，捞出后彻底控干水分

把中华荞麦面做得好吃的诀窍在于煮面方法。在烧开的大锅开水中下入面条，等水再次沸腾后捞出面条。煮至喜欢的软硬程度后，将水分彻底控干，与酱汁充分混合，加入汤汁。

做中华凉面时煮好面之后用流水洗一遍面条再将水分控干。

小妙招 956 [开始料理] 煮素面要使用大量水，将面条散开放入，再放一次凉水

在锅中烧开一大锅水，把素面散开放入，立即用筷子搅动让面条不会黏在一起。水开后再加一次凉水，再次烧开后捞出面条，在漏勺中控干。

小妙招 957 [开始料理] 荞麦面在冷水中过一遍，面条收紧口感更佳

煮好的荞麦面在冷水中过一遍，面条收紧口感更佳。

荞麦凉面、拌面、锅捞荞麦等多种做法中，最能品尝到荞麦原味的还是荞麦凉面。调味料使用葱末、海苔、芥末，让荞麦面的风味更能充分发挥。

小妙招 958 [开始料理] 喝一碗荞麦面汤给一顿饭画上圆满句号

荞麦面汤

营养的宝库

荞麦面是营养价值极高的食品，与其他的谷物相比，还有丰富的优质蛋白。这种又被称作"荞麦蛋白"的营养物质可以有效防止身体积存脂肪。

但是荞麦蛋白中 40％ 的成分都是水溶性的，煮过之后会溶在面汤里。因此煮荞麦面的面汤不要倒掉，喝下后可以让营养吸收的效率更高。觉得味道差一点的话，可以稍微加一些荞麦蘸汁，就会非常美味。

小妙招 959 [保存方法] 煮乌冬面、煮荞麦面、生中华面，市面上卖的包装可以直接冷冻

煮乌冬面、煮荞麦面、生中华面都是适宜冷冻保存的食品。解冻后味道几乎没有改变。市面上卖的包装可以直接冷冻。

使用时无需解冻，只要在冷冻状态下直接煮即可，毫不费力。一次性购入后冷冻保存非常便利。

小妙招 960 [保存方法] 炒乌冬和炒荞麦面冷冻保存也可以

炒荞麦面、炒乌冬一次做好后冷冻保存非常便利。分成一人份的小份冷冻起来，做一个人的午餐、孩子的便当、紧急的夜宵都很合适，可以活跃在各种场合中。冷冻后味道几乎不会改变，推荐尝试一下。

料理步骤

小妙招掌握度测试

苦恼时的补救小妙招

肉类

鱼类

鸡蛋·乳制品·大豆制品

蔬菜·白薯

蘑菇·海藻·水果

主食

次料

咖啡 **

咖啡的产地大多位于以赤道为中心的带状区域，又有"咖啡带"之称。咖啡中的咖啡因成分有防止犯困、恢复体力、防止宿醉的效果。

小妙招 961 [选择方法] 咖啡的味道由咖啡豆的种类、研磨和烘焙方式决定

咖啡的味道不光由乞力马扎罗、蓝山等出产地决定，研磨方法、烘焙（将生咖啡豆烘烤熟的制作过程）方式都会让咖啡味道大不同。基本的做法是将咖啡豆磨成粗粒、焙煎较浅的种类酸味较强，研磨较细、烘焙较深的豆子苦味较强。

小妙招 962 [选择方法] 到每天自己烘焙的店里，购买一周用的豆子

购买美味的咖啡豆，首选要选对咖啡店。推荐去每天都烘焙豆子的专业咖啡店购买，这样也不用担心咖啡豆的保存状态不佳。对于顾客的问题能亲切热情地回答也是选店时非常重要的一点。

此外为了充分品尝到烘焙咖啡的美味，一次购买一周所需约 200 克的分量为宜。

小妙招 963 [料理方法] 泡咖啡的水最好是刚烧开的水

水也会影响咖啡的味道。推荐使用刚打出的自来水，水烧开后立即使用。其中含有适量的二氧化碳会更好喝。

小妙招 964 [料理方法] 滴滤式咖啡要使用 95 度的热水和水流较细的水壶

首先要注意的是水的温度。水烧开后不要立即使用，等到 95 度左右正合适。放置 20 ~ 30 秒后温度刚好。不用沸腾的水是因为开水会让咖啡中的成分发生化学变化。此外要用较细的水流冲泡咖啡，因此要选用水能从壶口竖直流出的水壶。

小妙招 965 [保存方法] 速溶咖啡的包装打开后可以在常温中保存

开封后的速溶咖啡，为了防止受潮，将内侧的封口膜撕下之后拧紧盖子保存。不要放进冰箱，应在温差较小的室温环境中保存。保存时间约为 1 个月。

红茶 **

红茶生产量世界第一的国家是印度。最具代表性的产地是喜马拉雅山一带的大吉岭，以及世界最大的红茶产地阿萨姆。大吉岭的红茶香味最浓，有红茶中的香槟一说。

小妙招 966 [料理方法] 泡出美味红茶的关键是茶叶的量与泡茶的时间

第一个关键点是把茶叶放入温好的茶壶。茶叶的量大约是 1 杯茶对应 1 茶匙茶叶。大片的茶叶就稍微多放一些，小片茶叶的量就减少一些。要使用刚刚烧开的水，浸泡时间非常关键，大片茶叶 5 分钟，小片 2 分钟，二者之间的 3 分钟左右。

小妙招 967 [料理方法] 茶叶开始在壶中跳跃，美味的红茶就泡好了

在茶壶中注入热水，茶叶上下浮沉，开始旋转就是泡好了。按照小妙招 966 的步骤来泡茶，就能有这样的效果。

小妙招 968 [料理方法] 用茶包也能泡得像茶叶一样美味

红茶要泡得好喝，使用小妙招 966 所写的步骤。但是平时使用茶包的时候更多，用了这个方法茶包也能泡得像茶叶一样美味。

首先将杯子加热，水沸腾后注入，注水后要立即盖上盖子蒸，这样做会让茶包味道明显提升，一定要试一试。

小妙招 969 [料理方法] 具有透明感，看起来就很美味的冰茶

关键点首先是茶叶的选择。单宁成分较少的推荐坎迪、祁门等品种。

此外将茶壶里倒出的热红茶，注入放了冰块的玻璃杯中就是冰茶了。要注意，时间长了会出现白色浑浊物。

小妙招 970 [保存方法] 常温下能储存 1 ~ 2 个月，冷冻后风味更持久

红茶可以长时间保存。开封后盖紧盖子，1 ~ 2 个月都能保持美味。如果要冷冻起来，使用原包装袋或将罐子整个冷冻。开封后的茶可以装进冷冻保鲜袋再放入冰箱冷冻室。

料理步骤

小妙招掌握度测试

苦恼时的补救小妙招

肉类

鱼类

鸡蛋·乳制品·大豆制品

蔬菜·白薯

蘑菇·海藻·水果

主食

饮料

日本茶 *₊

对非发酵茶来说，有蒸、炒等多种防止茶叶中的氧化酵素运动的方法。静冈县的茶叶产量和种植面积都是日本第一，其中"天龙茶""本山茶"等以产地命名的茶品种非常多。

小妙招 971 [选择方法] 了解了茶的种类和特征，就能选择最适合的茶叶

日本茶有许多种类。最普通的是"煎茶"，有着清新的香气和淡淡的甜味。"玉露"是最高级的茶叶，使用阴凉栽培的新芽制成。香味丰厚、鲜味、甜味突出。"番茶"是等级较低的煎茶，使用煎茶的旧叶、硬的叶子制成。"焙茶"是用番茶炒制而成的，带有浓郁的香气，咖啡因含量较低，适合孩子们喝。

小妙招 972 [预先准备] 煎茶和玉露用瓷器，番茶、焙茶用陶器

煎茶呈清澈的黄绿色，玉露的颜色是接近透明的黄色，白色茶杯更易欣赏茶的颜色，推荐使用较薄的瓷器。

用开水冲泡的番茶和焙茶推荐使用陶器。

小妙招 973 [料理方法] 高级绿茶使用50度的水，缓慢注入，味道温润

要将高级绿茶的鲜味与甜味充分发挥，使用50度的温水慢泡才行。如果没有专用的急须壶和茶杯可以用小号的急须壶和茶碗代替。每一道的味道和香气都会有变化，也是品尝绿茶的一大乐趣。不要立即倒掉，第三道、第四道都值得细细品味。

小妙招 974 [料理方法] 高级绿茶使用50度的水，缓慢注入，味道温润

要将高级绿茶的鲜味与甜味充分发挥，使用50度的温水慢泡才行。如果没有专用的急须壶和茶杯可以用小号的急须壶和茶碗代替。每一道的味道和香气都会有变化，也是品尝绿茶的一大乐趣。不要立即倒掉，第三道、第四道都值得细细品味。

小妙招 975 [料理方法] 焙茶的泡法：用开水一次注入，香味更浓郁

焙茶是番茶或煎茶用大火炒制而成，带有独特香味的茶叶。想让这种香味充分发挥，要将烧好的开水一口气注入，适合用急须壶、土瓶等大号茶壶来泡。如果是一人份，3克茶叶对应100毫升开水，浸泡1分钟正合适。

小妙招 976 [料理方法] 即便是高门槛的抹茶，也能轻松地做出

茶筅

做薄茶的诀窍是用茶滤过滤一遍，不让抹茶出现沉淀。注入热水后用茶筅搅拌是关键。

小妙招 977 [料理方法] 做凉茶的关键是用水缓慢浸泡，或者放入冰块

做凉茶的方法有两种。简单但所需时间较长的一种：将凉茶用的茶包放入水壶，将水壶放入冰箱冷藏室缓慢浸泡。

快速的方法：用普通的方法泡出煎茶，倒入加了冰块的玻璃杯中。茶叶浸泡所需时间较短的深蒸煎茶推荐使用这个方法。

小妙招 978 [料理方法] 放陈的煎茶在平底锅中炒过，就能变身焙茶！

变身焙茶

放陈的煎茶

番茶或煎茶炒制之后就成了焙茶，自己也能制作。放陈的煎茶在平底锅中用大火来炒即可。

小妙招 979 [料理方法] 茶壳不要扔掉，可以在佃煮、拌饭菜中使用

茶壳中含有β胡萝卜素、维生素E等多种营养物质，香味和鲜味也留在上面，不要扔掉，可以灵活使用。加入酱油和味淋就能做成茶叶佃煮，与芝麻等一起炒，就能做成香味浓郁的茶叶拌饭菜。

此外，晾干后磨成粉，更易与各种料理混合在一起，一定要试一试哦。

小妙招 980 [保存方法] 茶叶适宜保存在阴凉处或冷冻保存

日本茶在阴凉处保存，保质期约为半年。开封后如果不能立即喝完，推荐冷冻保存。冷冻比常温保存更容易保留茶叶的原味。放入冷冻用的保鲜袋，取出后无需解冻，直接就能使用。

料理步骤

小妙招掌握度测试

苦恼时的补救小妙招

肉类

鱼类

鸡蛋·乳制品·大豆制品

蔬菜·白薯

蘑菇·海藻·水果

主食

饮料

日本酒 **

用大米做原料的酿造酒，可以分为四大类：低温发酵的"吟酿酒"、只使用大米酿造的"纯米酒"、纯米酒中加入了酿造酒精的"本酿造酒"，以及大众化的"普通酒"。

小妙招 981 [喝酒时] 了解了四种日本酒的类型，就能自由搭配

日本酒的酿酒厂有2000家以上，要想把品牌一一记住，数量庞大。从中要选出自己喜欢的或与料理相配的品种不太容易。但只要了解了四大种类"熟酒""熏酒""醇酒""爽酒"，选择起来就容易许多（来自日本酒服务研究会）。"熟酒"的香气最强，味道浓厚。其中有许多陈年佳酿，与炖牛肉、蒲烧鳗鱼、炖猪肉等味道浓郁的料理最搭配。

小妙招 982 [喝酒时] 吟酿酒中常见的"熏酒"，适合追求本味的料理

"熏酒"的味道清爽，苦味较弱，余味不强。吟酿、大吟酿适合与发挥原料本身味道的料理搭配。不妨与鱼类的奶油烤菜、奶油炖菜、野菜天妇罗、八宝菜等料理一起试试。

小妙招 983 [喝酒时] 纯米酒中常见的"醇酒"搭配味道富有层次的料理

"醇酒"的味道富于层次，最开始能感觉到强烈的甜味，接着变为酸味、苦味。果香和花香较少，给人深沉之感。

纯米酒与富有层次的料理搭配最合适，不妨与炸猪排、烤鸡串、鲭鱼味噌煮、糖醋里脊、牛排等料理搭配试试。

小妙招 984 [喝酒时] 常见的"爽酒"，与豆腐等清爽的料理搭配最宜

味道清新，给人清凉之感的"爽酒"在生酒中最常见，木酿造酒、纯米酒中也有。与茶碗蒸、豆腐、虾肉烧卖、土豆沙拉等清爽的料理搭配最佳。

小妙招 985 [喝酒时] 品酒时认真分辨出酒的特点

品酒的方法如下：①首先看酒的颜色；②先在酒杯上方闻酒香，再轻轻晃动后闻香气；③含在嘴里，在口中环绕后品尝香味，将酒吐掉；④把酒含在口中，用整个舌头确认酒的味道，品味余味。

小妙招 986 [喝酒时] 温酒时要根据季节变化采用不同温度

热天 46℃

60℃ 冷天

将酒温过后饮用，要根据季节变化采用不同温度。寒冷的季节热到约60度，炎热时热到46度为宜。

小妙招 987 [用于料理] 用在料理中时，比起料理酒来，饮用酒效果更佳

在料理中使用酒时，许多人会选择"料理酒"，但是料理酒一般经过调味，容易让料理变得过于咸辣。

此外，料理酒在鲜味、风味上都比不上日本酒。料理时不需要使用高价的品种，用一般的日本酒味道就很好。

小妙招 988 [用于料理] 用酒炖菜时，一开始就加酒，会让材料快速变软

变软

砂糖　盐　胡椒

一开始　酒

炖菜

酒是必不可少的料理调料，既可以增加香气提升鲜味，还可以消除腥味，并且具有杀菌保鲜的效果。

此外根据不同的用途，料理材料或软或硬，有不同的用法。做炖菜时一开始就加酒，会让材料快速变软，提升鲜味，颜色也能更亮泽。

小妙招 989 [用于料理] 放入海鲜料理中，能去除腥味，让肉更紧实

做海鲜鱼贝类料理时，巧妙使用日本酒，就能让味道更上一层楼。

在鱼类或贝类中加入日本酒，既可以消除腥味，又能让肉适度收紧。做海鲜汤类料理时，最后加入一点日本酒可以消除腥味，还能令味道立刻变得更好。

小妙招 990 [保存方法] 酒开封前放在阴凉处，开封后要放在冰箱冷藏

日本酒是有生命的。特别害怕阳光和高温，会让酒的味道变差。

开封前与开封后最好都要保存在冰箱冷藏室，但是如果瓶子太大放不下，开封之前的酒也可以放在阴凉晒不到太阳的地方常温保存。开封后的酒换成小瓶放进冷藏室。

料理步骤

小妙招掌握度测试

苦恼时的补救小妙招

肉类

鱼类

鸡蛋·乳制品·大豆制品

蔬菜·白薯

蘑菇·海藻·水果

主食

葡萄酒 **

葡萄酒由葡萄表面附着的酵母活动发酵产生酒精制成。葡萄的种类、葡萄生长的土壤、气候、制作方法上的不同，使葡萄酒的风味、香气、颜色带来多种变化。

小妙招 991 [选择方法] 挑选葡萄酒时按一按瓶塞，旋转标签确认一下

要识别市面上卖的葡萄酒的好坏，有以下 4 个要点：

按下瓶塞试一试，如果有弹性就 OK。旋转一下瓶口标签，如果能旋转就 OK。在阳光下看一下瓶身，如果没有污浊沉淀就 OK。将瓶子立起来时，酒没有减少就 OK。

小妙招 992 [喝酒时] 选葡萄酒的方法 1：味道浓郁的搭配轻酒体红酒

如果要与平时经常吃的菜搭配，可以按照以下的方法选酒。

与炸猪排、汉堡肉饼、土豆炖肉等味道浓郁的肉类料理搭配，最好选择轻酒体红酒或起泡酒。

相反，与烤鸡肉串（咸味）、鸡肉寿喜烧等味道清淡的肉类料理搭配，可以选择层次丰富的白葡萄酒或味道浓厚的红酒。

小妙招 993 [喝酒时] 选葡萄酒的方法 2：海鲜类料理的搭配法

吃刺身或卡巴乔等味道清淡的鱼类料理时，推荐与轻酒体红葡萄酒或带辣味的白葡萄酒搭配。

炸虾、海鲜奶油烤菜等味道浓郁的海鲜料理，更适合与味道有一定厚度的中度酒体红酒搭配，酸味不太强的辣味白葡萄酒也不错。

小妙招 994 [喝酒时] 喝香槟时，比起碟形不如选择笛型香槟杯

香槟用的玻璃杯有两种，如果看重味道，推荐选择杯身较长的笛型杯。与空气接触面积较小，碳酸不易挥发。

小妙招 995 [喝酒时] "红酒在常温条件下保存"只适用于欧洲

经常听到"红酒在常温条件下保存"的说法，但这只适用于欧洲。日本的夏天一定是冰过之后酒更好喝。不同种类葡萄酒适合的温度如图中所示。全酒体的红葡萄酒适合的温度为 16～18 度，日本夏天的室温肯定是太高了。

小妙招 996 [喝酒时] 冰红酒时推荐使用红酒冷却器，1 分钟即可下降 1 度

冰红酒时，推荐使用红酒冷却器，更快速、更美味。在冷却器中注入冰水，放入红酒后 1 分钟就可以下降 1 度。放在 25 度的房间中的起泡酒，20 分钟左右即可冰好。

没有冷却器的话，用冰箱冷藏室也可以。辣味白葡萄酒需要约 3 小时，轻酒体红葡萄酒 1 小时即可。

小妙招 997 [喝酒时] 让气氛热烈起来！葡萄酒盲品派对

盲品会指的是遮住葡萄酒的品牌，猜葡萄的品种和产地的品酒会。

活动一般由专业品酒师举办，与朋友一起参加，一定能调动起大家的热情！做法也很简单：准备几种受欢迎的葡萄酒，用纸袋包住，然后只要喝酒、猜种类就好。

小妙招 998 [喝酒时] 将葡萄酒杯冰好，做两种正宗的鸡尾酒

来学两种以葡萄酒做基础的正宗鸡尾酒吧！"汽酒是在玻璃杯中加入冰块，以 3 份白葡萄酒、2 份苏打水的比例注入，轻轻摇晃混合而成。最后加入啤酒就完成了。

做"含羞草鸡尾酒"，用冰镇的橙子挤出果汁，再倒入同等分量的起泡酒即可。

小妙招 999 [用于料理] 炖煮中放葡萄酒要在一开始加入，烧烤类最后加入

使用葡萄酒的料理，红肉配红葡萄酒，白肉配白葡萄酒，是人们熟知的常识，但是加入的时机有诀窍。炖牛肉等炖煮类料理要在一开始倒入葡萄酒，烧烤、炒菜类要在关火之前最后再加，这样可以将香味发挥得更充分。

小妙招 1000 [保存方法] 冰箱冷藏室的温度太低了，推荐床下或壁柜中

保存葡萄酒的最佳位置是床下的空间或壁柜，这两处既没有日光和灯光，又足够凉爽。冰箱冷藏室虽然看上去不错，但温度太低，并不适合保存葡萄酒。不过在炎热的夏天，找不到阴凉处的时候，可用报纸或塑料袋将瓶子包好，再放入冰箱。

图（温度计）:
℃
16～18℃ 全酒体红酒 18 17 16
中度酒体红酒 13～17℃ 15 14 13
10～13℃ 轻酒体红酒 12 11 10
6～10℃ 辣味白葡萄酒 9 8 7 6
起泡酒 4～8℃ 5 4
0

图书在版编目（CIP）数据

料理的1000个魔法 / 日本辰巳出版株式会社编；李
思园译 . -- 成都：四川文艺出版社，2018.12（2020.4重印）
　ISBN 978-7-5411-4713-5

Ⅰ . ①料… Ⅱ . ①日… ②李… Ⅲ . ①菜谱—日本
Ⅳ . ① TS972.183.13

中国版本图书馆 CIP 数据核字 (2018) 第 285001 号

MONOGUSA JOSHI WO RYOURIJOUZU NI KAERU 1000 NO MAHOU
Copyright © TATSUMI PUBLISHING CO., LTD. 2012
All rights reserved.
Original Japanese edition published by Tatsumi Publishing Co., Ltd.

This Simplified Chinese language edition is published by arrangement with
Tatsumi Publishing Co., Ltd., Tokyo in care of Tuttle-Mori Agency, Inc., Tokyo
through Future View Technology Ltd., Taipei

本书中文简体版权归属于银杏树下（北京）图书有限责任公司

版权登记号 图进字：21-2018-558

LIAOLI DE YIQIANGE MOFA

料理的 1000 个魔法

日本辰巳出版株式会社　编

李思园　译

选题策划	后浪出版公司
出版统筹	吴兴元
编辑统筹	王　頔
责任编辑	邓　敏
特约编辑	李志丹
责任校对	汪　平
装帧制造	墨白空间
营销推广	ONEBOOK

出版发行	四川文艺出版社（成都市槐树街 2 号）
网　　址	www.scwys.com
电　　话	028-86259287（发行部）　028-86259303（编辑部）
传　　真	028-86259306

邮购地址	成都市槐树街 2 号四川文艺出版社邮购部 610031
印　　刷	北京盛通印刷股份有限公司
成品尺寸	215mm×287mm　1/16
印　　张	6.75　　　　　　　　　字　　数　210 千字
版　　次	2018 年 12 月第一版　　　印　　次　2020 年 4 月第二次印刷
书　　号	ISBN 978-7-5411-4713-5
定　　价	65.00 元